U0879310

2018年河南省生态环境质量报告

ECOLOGUCAL ENVIRONMENT QUALITY REPORT IN HENAN PROVINCE

河南省生态环境厅 ⊙ 编

中国环境出版集团·北京

图书在版编目（CIP）数据

2018 年河南省生态环境质量报告/河南省生态环境厅编.
—北京：中国环境出版集团，2020.7

ISBN 978-7-5111-4367-9

Ⅰ．①2…　Ⅱ．①河…　Ⅲ．①区域生态环境—环境质量评价—研究报告—河南—2018　Ⅳ．①X321.261

中国版本图书馆 CIP 数据核字（2020）第 125117 号

出 版 人　武德凯
责任编辑　孟亚莉
文字编辑　张　倩
责任校对　任　丽
封面设计　岳　帅

更多信息，请关注
中国环境出版集团
第一分社

出版发行　中国环境出版集团
（100062　北京市东城区广渠门内大街 16 号）
网　　址：http://www.cesp.com.cn
电子邮箱：bjgl@cesp.com.cn
联系电话：010-67112765（编辑管理部）
010-67112735（第一分社）
发行热线：010-67125803，010-67113405（传真）

印　　刷　北京建宏印刷有限公司
经　　销　各地新华书店
版　　次　2020 年 7 月第 1 版
印　　次　2020 年 7 月第 1 次印刷
开　　本　787×1092　1/16
印　　张　13.5
字　　数　250 千字
定　　价　80.00 元

《2018年河南省生态环境质量报告》

编 委 会

主　任　王仲田

副主任　焦　飞

委　员　田耀武　张洪川　王玲玲　熊　飚　杜　兵　安国安　王兴国

主　编　张　军

副主编　史淑娟　申进朝　邢　昱　赵　颖　王潇磊　孔海燕　陈　珂
张兰真　郭悦嵩　魏　杰

参编人员（以姓氏笔画为序）

马云霞　马双良　王　琪　王建英　王小飞　王晶晶　王振峰
王　楠　刘　洋　刘运兵　孙国强　陈慧敏　李　明　李光明
李　雁　郑　瑶　南淑清　娄亚敏　秦红伟　唐　敏　魏　佳

（省辖市环境监测站，以行政区划代码为序）

陈　勇（郑州市环境保护监测中心站）

王晓东（开封市环境监测站）

邱　颖（洛阳市环境监测站）

蒋庆瑞（平顶山市环境监测中心站）

赵海丽（安阳市环境保护监测中心站）

刘　萍（鹤壁市环境监测监控中心）

俞　宁（新乡市环境保护监测站）

苑　丽（焦作市环境监测站）

马红磊（濮阳市环境监测站）

马俊峰（许昌市环境监测中心）

苏瑞敏（漯河市环境监测中心站）

王　琳（三门峡市环境监测站）

李　力（南阳市环境监测站）

任　莹（商丘市环境监测站）

窦利军（信阳市环境监测站）

贺明学（周口市环境监测站）

赵建三（驻马店市环境监测站）

李利霞（济源市环境监测站）

黄　进（南水北调中线渠首环境监测应急中心）

主 编 单 位　河南省环境监测中心

参加编写单位　河南省辐射环境安全技术中心

资料提供单位　河南省各省辖市环境监测站

南水北调中线渠首环境监测应急中心

前言

《2018 年河南省生态环境质量报告》以河南省环境监测数据为基础，对 2018 年全省生态环境质量进行了全面梳理与分析，总结了总体情况和主要生态环境质量问题，并提出对策建议。

本报告中生态环境质量监测数据来源于国家监测网和省级监测网，河南省环境质量监测网包括：18 个省辖市共 75 个国控、3 个省控城市环境空气质量监测点位；67 条河流、28 个大型湖库的 169 个地表水水质评价监控断面；153 个地下水监测井位；46 个饮用水源地监测点位；50 个降水监测点位；3 539 个建成区环境噪声监测点位；城市道路交通噪声监测路段总长度约 1 515.2 km、75 个城市功能区噪声监测点位；多个辐射监测点位。

目录

第一篇

监测概况和评价方法

1.1 城市环境空气

1.1.1 点位布设

全省 18 个省辖市共设置 78 个城市环境空气质量监测点位；设置 50 个降水监测点位。

1.1.2 评价标准

SO_2、NO_2、PM_{10}、$PM_{2.5}$、CO、O_3 评价标准采用《环境空气质量标准》（GB 3095—2012）。降水酸度以 pH<5.6 作为判断酸雨的依据。

1.1.3 评价方法

1.1.3.1 单项因子评价

按照《环境空气质量标准》（GB 3095—2012）、《环境空气质量评价技术规范（试行）》（HJ 663—2013）对参与评价的因子进行类别评价。

1.1.3.2 定性评价

采用环境空气综合质量指数、姚式指数法（f）和二级标准达标情况评价法。

1.1.3.3 级别评价

采用最大单因子级别法。

1.2 地表水

1.2.1 点位布设

2018 年，全省 67 条主要河流共设置 141 个监控断面。其中淮河流域监控 29 条河流 60 个断面；海河流域监控 10 条河流 20 个断面；黄河流域监控 20 条河流 41 个断面；长江流域监控 8 条河流 20 个断面。全省 11 个省辖市的 28 座大型湖库上均设置了监测断面。

1.2.2 评价标准

《地表水环境质量标准》（GB 3838—2002）。

1.2.3 评价方法

《地表水环境质量评价办法（试行）》（环办〔2011〕22 号）。

1.2.3.1 单项因子评价

按照《地表水环境质量标准》（GB 3838—2002）对参与评价的因子进行类别评价。

1.2.3.2 综合评价

用断面浓度均值或断面水质类别比例进行河流、流域水质定性评价。

用湖泊（水库）综合营养状态指数法进行富营养化状况评价。

1.2.3.3 对比分析

用水质等级变化、综合污染指数对比年际间、河流间的污染程度。

用浓度变化限值法对比污染物的污染程度。

1.2.4 评价因子

水质评价因子为《地表水环境质量标准》（GB 3838—2002）表 1 中除水温、总氮、粪大肠菌群以外的 21 项，即 pH、溶解氧、高锰酸盐指数、五日生化需氧量、氨氮、石油类、挥发酚、汞、铅、化学需氧量、总磷、铜、锌、氟化物、硒、砷、镉、铬（六价）、氰化物、阴离子表面活性剂、硫化物，总氮作为参考指标单独评价（河流总氮除外）。

营养状态评价因子为叶绿素 a、总磷、总氮、透明度和高锰酸盐指数共 5 项。

1.3 城市地下水

1.3.1 点位布设

全省城市地下水共设置 153 个监测井位，由于部分监测井位封井，采集不到样品，实际监测井位为 104 个。

1.3.2 评价标准

《地下水质量标准》（GB/T 14848—2017）。

1.3.3 评价方法

1.3.3.1 单项因子评价

统计评价区域内参与评价因子各水质类别井位数占总监测井位数的百分比。

1.3.3.2 综合评价

（1）按井位评价：用 F 值法评价单个井位的水质级别，统计评价区域内各级别井位数占总监测井位数的百分比。

（2）城市综合定性评价：用 F 值法评价城市区域地下水质量级别，再将细菌学因子评价类别标注在级别定名之后。

1.3.3.3 对比分析

采用 F 值对年际间、城市间污染程度的变化进行比较和排序。

1.3.4 评价因子

评价因子选取 pH、溶解性总固体、氯化物、硫酸盐、氨氮、硝酸盐（以 N 计）、亚硝酸盐（以 N 计）、氰化物、氟化物、总硬度（以 $CaCO_3$ 计）、砷、铁、锰、铅、镉、汞、铬（六价）、耗氧量、挥发性酚类（以苯酚计）、总大肠菌群共 20 项。

细菌学因子不参与评价分值（F）计算。

1.4 城市饮用水源地

1.4.1 点位布设

全省 18 个省辖市共设置在用饮用水源地 46 个监测点位，其中省辖市地表型饮用水源地 16 个，地下型饮用水源地 30 个。

1.4.2 评价标准

城市集中式生活饮用水地表水源地水质评价采用《地表水环境质量标准》（GB 3838—2002）；地下水源地水质评价采用《地下水质量标准》（GB/T 14848—2017）。

1.4.3 评价方法

1.4.3.1 单项因子评价

统计评价区域内参与评价因子各水质类别水源地数占总监测数的百分比。

1.4.3.2 综合评价

（1）水源地达标评价：按照《地表水环境质量标准》（GB 3838—2002）、《地下水质量标准》（GB/T 14848—2017）对水源地进行水质类别评价，统计达到III类标准限值的水源地占总水源地的比例。

（2）取水水质达标率评价：根据水质达到III类标准限值的饮用水源地取水量，统计饮用水源地及城市的平均取水水质达标率。

（3）城市区域水质定性评价：采用内梅罗指数（P）评价饮用水源地水质。

1.4.3.3 对比分析

（1）采用优良水源地百分比变化，对全省饮用水源地水质变化趋势进行分析。

（2）采用取水水质达标率变化，对全省饮用水源地水质变化趋势进行分析。

（3）采用 P 值对年际间、城市间水质变化分析和排序。

1.4.4 评价因子

达标水源地水质评价因子选择 pH、总硬度（地下水）、硝酸盐（以 N 计）、氨氮、高锰酸盐指数（耗氧量）、氟化物（以 F 计）、砷、汞、镉、铬（六价）、铅、氰化物、挥发性酚、石油类（地表水）、粪大肠菌群（总大肠菌群），共 15 项。取水水质达标率评价、定性评价因子在达标水源地评价因子的基础上（pH 不参与定性评价），地表水源地增加五日生化需氧量、溶解氧、硫化物、铁、硒、阴离子表面活性剂、总磷（以 P 计）、锰、铜、锌、硫酸盐、氯化物 12 项，地下水源地增加硫酸盐、氯化物、铁、锰、亚硝酸盐（以 N 计）、硒、阴离子合成洗涤剂、铜、锌 9 项。

地表饮用水源地特定项目的评价因子选择《地表水环境质量标准》（GB 3838—2002）表 3 中所有项目（80 项）。

1.5 城市声环境

1.5.1 点位布设

全省城市建成区环境噪声普查覆盖面积约 1 047 km^2，有效测点数为 3 539 个；城市道路交通噪声监测路段总长度约 1 515.2 km；18 个省辖市开展城市功能区噪声监测，共监测 75 个测点。

1.5.2 评价标准

《声环境质量标准》（GB 3096—2008）。

1.5.3 评价方法

1.5.3.1 基本评价量

以等效连续 A 声级（L_{eq}）为基本评价量。

1.5.3.2 定性评价

城市区域环境噪声、道路交通噪声按照《环境噪声监测技术规范 城市声环境常规监测》（HJ 640—2012）的规定进行评价；城市功能区环境噪声按照达标率进行评价。

1.5.3.3 对比分析

采用等效声级变化和优、良等级进行年际、城市间的对比分析。

1.6 生态环境

依据环境保护部颁布的《生态环境状况评价技术规范》（HJ 192—2015）中生物丰度指数、植被覆盖指数、水网密度指数、土地胁迫指数和污染负荷指数的值和权重，计算生态环境状况指数（EI），根据生态环境状况分级标准对生态环境状况进行评价。

1.7 农村环境

1.7.1 评价标准

（1）《环境空气质量标准》（GB 3095—2012）；

（2）《地表水环境质量标准》（GB 3838—2002）；

（3）《地下水质量标准》（GB/T 14848—2017）；

（4）《土壤环境质量 农用地土壤污染风险管控标准（试用）》（GB 15618—2018）；

（5）《生态环境状况评价技术规范》（HJ 192—2015）。

1.7.2 评价因子

1.7.2.1 农村环境状况

（1）村庄环境空气

SO_2、NO_2、PM_{10}、$PM_{2.5}$、CO、O_3共 6 项。

（2）村庄饮用水源地水质

地表水饮用水源地：水温、pH、溶解氧、化学需氧量、五日生化需氧量、高锰酸盐指数、氨氮、总磷、总氮、铜、锌、氟化物、硒、砷、汞、镉、六价铬、铅、氰化物、挥发酚、石油类、阴离子表面活性剂、硫化物、粪大肠菌群、硫酸盐、氯化物、硝酸盐氮、铁、锰共 29 项。

地下水饮用水源地：pH、总硬度、硫酸盐、氯化物、铁、锰、铜、锌、挥发酚、阴离子表面活性剂、耗氧量、硝酸盐氮、亚硝酸盐氮、氨氮、氟化物、氰化物、硒、砷、汞、镉、六价铬、铅、总大肠菌群共 23 项。

（3）村庄周边土壤

pH、阳离子交换量、砷、镉、铬、汞、铅共 7 项。

（4）县域地表水水质

水温、pH、溶解氧、化学需氧量、高锰酸盐指数、五日生化需氧量、氨氮、总磷、总氮、铜、锌、氟化物、硒、砷、汞、镉、六价铬、铅、氰化物、挥发酚、石油类、阴离子表面活性剂、硫化物、粪大肠菌群共 24 项。

1.7.2.2 农村生态状况

生物丰度指数、植被覆盖指数、水网密度指数、土地胁迫指数、人类干扰指数共 5 项。

1.8 辐射环境

河南省辐射环境质量监测点位见表 1.8-1。

表 1.8-1 监测点位统计

监测对象	监测项目	点位数/个	监测频次
空气	γ辐射空气吸收剂量率和累积剂量	10	1 次/季度
	γ辐射空气吸收剂量率（自动站）	24	连续
	气溶胶γ核素	3	1 次/月
	沉降物	1	1 次/季度
	气碘	1	1 次/月
	室外氡	1	1 次/季度
地表水	U、Th、^{226}Ra、总α、总β、^{90}Sr、^{137}Cs（枯水期、平水期各一次）	3	1 次/半年
饮用水	总α、总β	18	1 次/半年
土壤	γ核素	18	1 次/年
自动站	国控自动站	3	—
	省控自动站γ辐射空气吸收剂量率	23	连续
	综合场强、工频（自动站）	17	连续
省会城市饮用水	U、Th、^{226}Ra、总α、总β、^{90}Sr、^{137}Cs	1	1 次/半年
省会城市地下水	U、Th、^{226}Ra、总α、总β	1	1 次/年

第二篇

生态环境质量状况

2.1 城市环境空气质量

2.1.1 现状评价

2.1.1.1 单项因子评价

（1）$PM_{2.5}$

2018 年，18 个省辖市城市点位 $PM_{2.5}$ 日均浓度值范围在 4～383 μg/m³。全省城市日均浓度平均二级标准达标率为 75.9%，18 个省辖市日均值浓度二级标准达标率均低于 100%，介于 70.1%～80.8%。

$PM_{2.5}$ 年均浓度值为 64 μg/m³（剔除沙尘影响后为 61 μg/m³）。年均浓度值超二级标准的城市（浓度由低到高排序）依次为信阳、鹤壁、三门峡、周口、洛阳、新乡、南阳、驻马店、商丘、漯河、濮阳、许昌、郑州、开封、平顶山、济源、焦作、安阳 18 市。

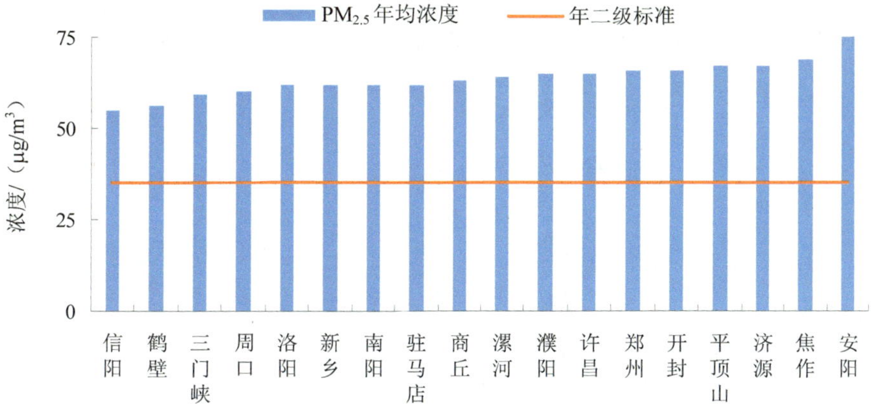

图 2.1-1 2018 年河南省省辖市 $PM_{2.5}$ 年均浓度

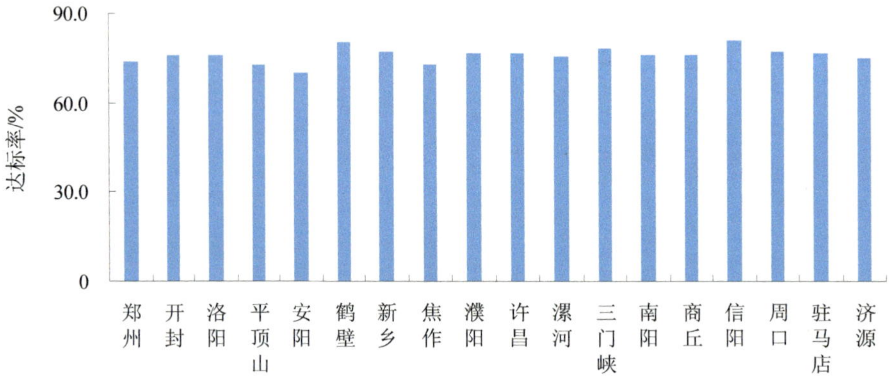

图 2.1-2 2018 年河南省省辖市 $PM_{2.5}$ 年达标率

（2）PM_{10}

2018 年，18 个省辖市城市点位 PM_{10} 日均浓度值范围在 6～609 μg/m^3。全省城市日均浓度平均二级标准达标率为 80.2%，18 个省辖市日均浓度值二级标准达标率均低于 100%，介于 73.4%～87.7%。

PM_{10} 年均浓度值为 114 μg/m^3（剔除沙尘影响后为 103 μg/m^3）。年均浓度值超二级标准的城市（浓度由低到高排序）依次为信阳、南阳、濮阳、驻马店、商丘、平顶山、新乡、三门峡、周口、鹤壁、许昌、漯河、开封、洛阳、郑州、济源、焦作、安阳 18 市。

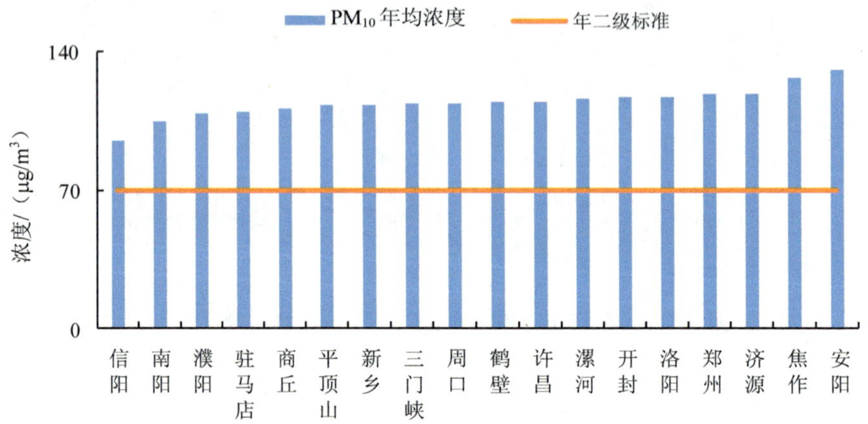

图 2.1-3 2018 年河南省省辖市 PM_{10} 年均浓度

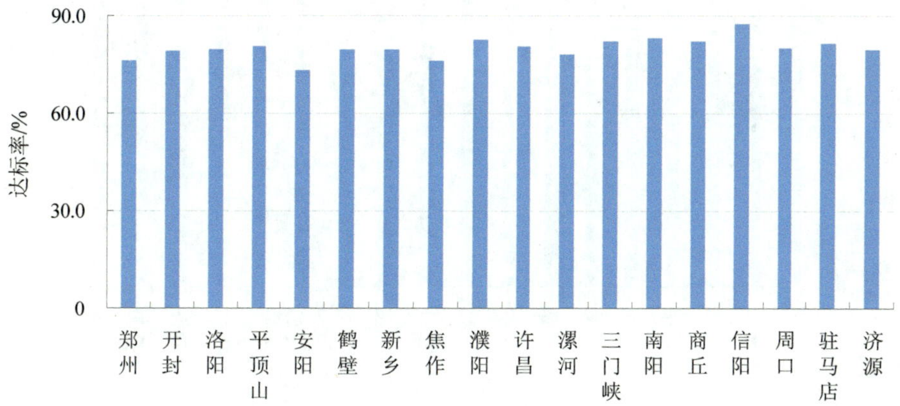

图 2.1-4 2018 年河南省省辖市 PM_{10} 年达标率

（3）SO_2

2018 年，18 个省辖市城市点位 SO_2 日均浓度值范围在 1～133 μg/m³。全省城市日均浓度平均二级标准达标率为 100%，18 个城市日均浓度值二级标准达标率均为 100%。

SO_2 年均浓度值为 16 μg/m³。年均浓度值达到一级标准的城市（浓度由低到高排序）依次为南阳、信阳、商丘、漯河、周口、驻马店、郑州、许昌、三门峡、濮阳、开封、焦作、平顶山、洛阳、鹤壁、新乡 16 市，达到二级标准的城市为安阳、济源 2 市。

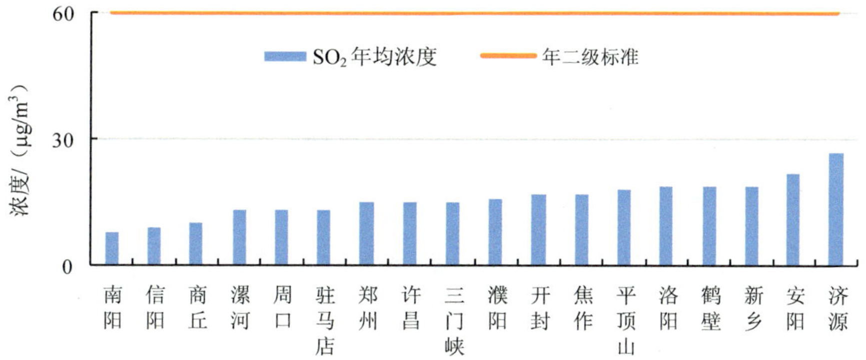

图 2.1-5 2018 年河南省省辖市 SO_2 年均浓度

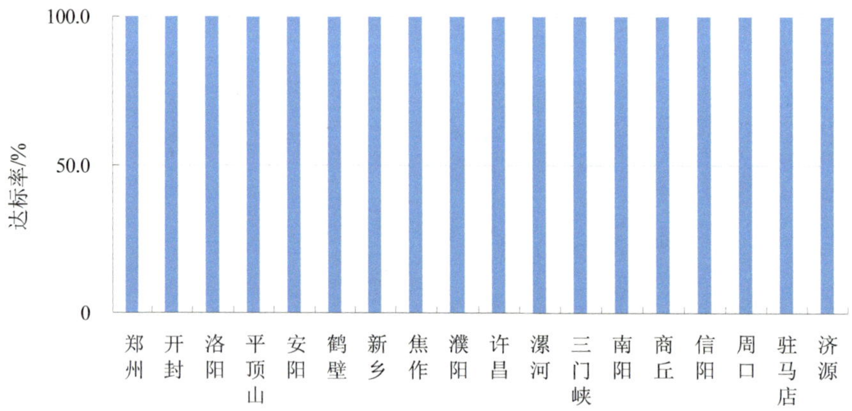

图 2.1-6　2018 年河南省省辖市 SO_2 年达标率

（4）NO_2

2018 年，18 个省辖市城市点位 NO_2 日均浓度值范围在 3～145 μg/m^3。全省城市日均浓度平均二级标准达标率为 97.6%，周口、驻马店 2 个城市日均浓度值二级标准达标率为 100%，其他城市在 92.1%～99.7%。

NO_2 年均浓度值为 39 μg/m^3。年均浓度值达到二级标准的城市（浓度由低到高排序）依次为信阳、周口、商丘、漯河、驻马店、开封、濮阳、南阳、平顶山、许昌、三门峡、济源 12 市，超二级标准的城市依次为焦作、洛阳、安阳、鹤壁、新乡、郑州 6 市。

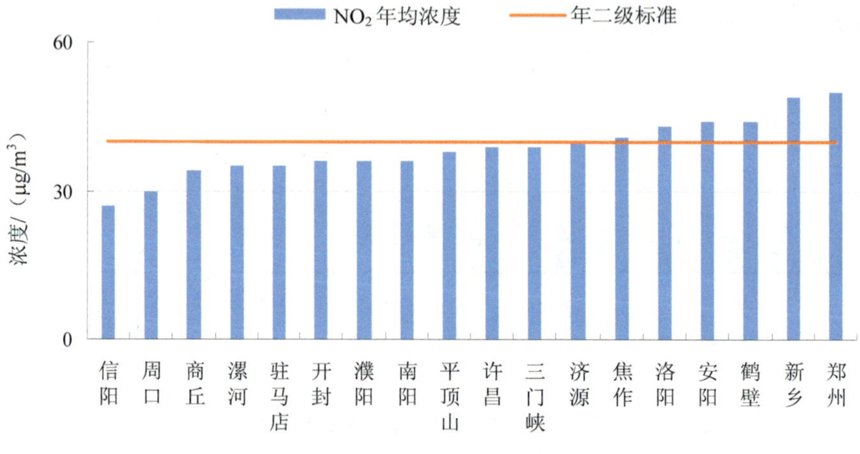

图 2.1-7　2018 年河南省省辖市 NO_2 年均浓度

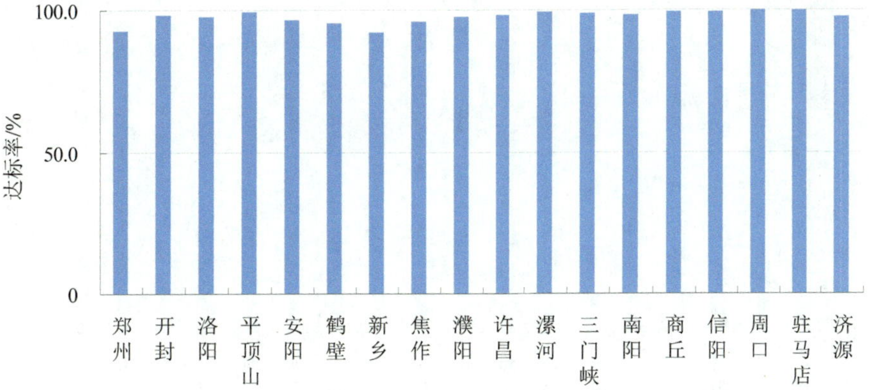

图 2.1-8 2018 年河南省省辖市 NO_2 年达标率

（5）CO

2018 年，18 个省辖市城市点位 CO 日均浓度值范围在 0.2～5.5 mg/m^3。全省城市日均浓度平均二级标准达标率为 99.8%，郑州、开封、洛阳、平顶山、濮阳、许昌、漯河、三门峡、南阳、商丘、信阳、周口、驻马店 13 个城市日均浓度值二级标准达标率为 100%，其他城市在 98.9%～99.7%。

CO 第 95 百分位浓度达到二级标准的城市（浓度由低到高排序）依次为信阳、漯河、商丘、周口、驻马店、平顶山、郑州、三门峡、开封、濮阳、许昌、南阳、洛阳、新乡、济源、鹤壁、焦作、安阳 18 市。

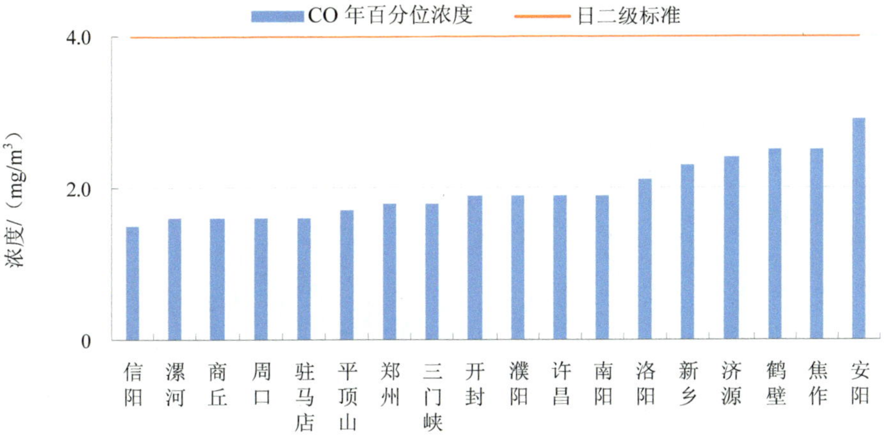

图 2.1-9 2018 年河南省省辖市 CO 年第 95 百分位浓度

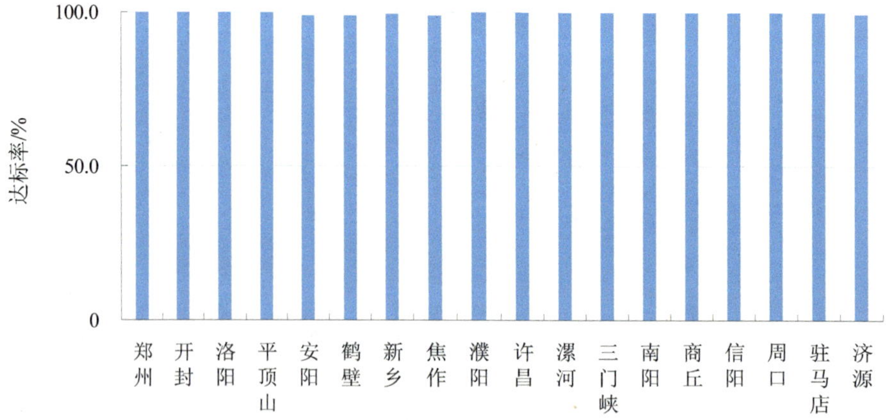

图 2.1-10 2018 年河南省省辖市 CO 年达标率

（6）O_3

2018 年，18 个省辖市城市点位 O_3 日最大 8 h 浓度均值范围在 2～288 μg/m^3。全省 8 h 浓度均值二级标准平均达标率为 81.0%，18 个省辖市城市 8 h 浓度均值二级标准达标率均低于 100%，介于 74.9%～85.8%。

O_3 第 90 百分位浓度为超二级标准的城市（浓度由低到高排序）依次为三门峡、漯河、南阳、信阳、许昌、驻马店、平顶山、商丘、济源、开封、洛阳、周口、郑州、濮阳、安阳、鹤壁、焦作、新乡 18 市。

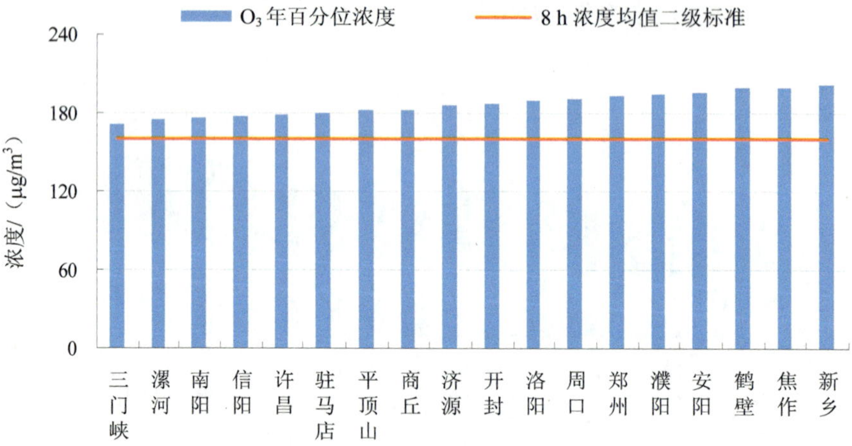

图 2.1-11 2018 年河南省省辖市 O_3 年第 90 百分位浓度

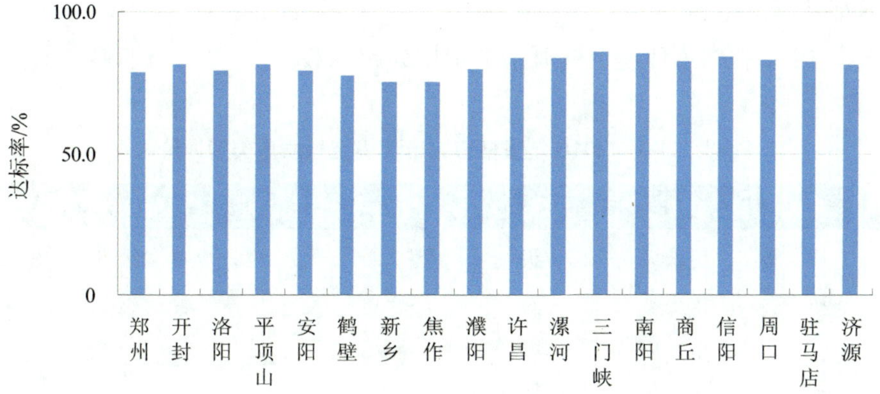

图 2.1-12 2018 年河南省省辖市 O_3 年达标率

2.1.1.2 综合评价

（1）定性评价

2018 年，信阳、周口、三门峡、南阳、商丘、驻马店、鹤壁、漯河、洛阳、濮阳、许昌、新乡、开封、平顶山、郑州、济源 16 市环境空气质量级别为轻度污染；焦作、安阳 2 市环境空气质量级别为中度污染。

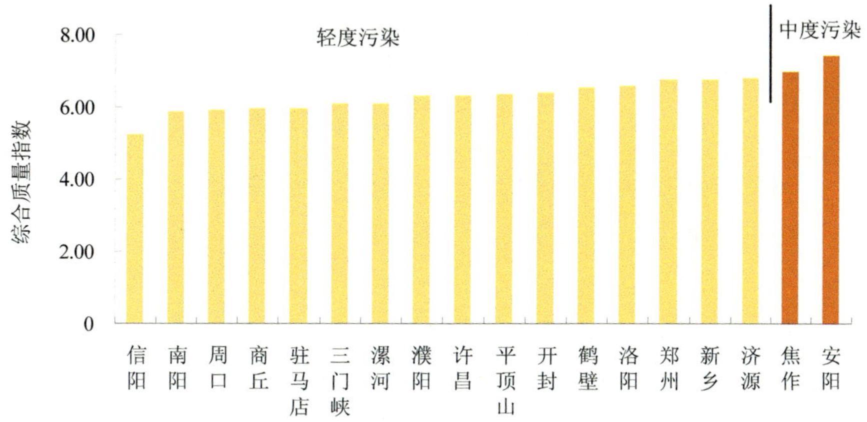

图 2.1-13 2018 年省辖市城市环境空气质量

（2）级别评价

2018 年，18 个省辖市环境空气质量类别均为超二级。

表 2.1-1　2018 年省辖市城市环境空气质量类别评价

城市名称	$PM_{2.5}$	PM_{10}	SO_2	NO_2	CO-95	O_3-8h-90	城市类别
郑州	超二级	超二级	一级	超二级	二级	超二级	超二级
开封	超二级	超二级	一级	超二级	二级	超二级	超二级
洛阳	超二级	超二级	一级	超二级	二级	超二级	超二级
平顶山	超二级	超二级	一级	二级	二级	超二级	超二级
安阳	超二级	超二级	二级	超二级	二级	超二级	超二级
鹤壁	超二级	超二级	一级	超二级	二级	超二级	超二级
新乡	超二级	超二级	一级	超二级	二级	超二级	超二级
焦作	超二级	超二级	一级	超二级	二级	超二级	超二级
濮阳	超二级	超二级	一级	超二级	二级	超二级	超二级
许昌	超二级	超二级	一级	超二级	二级	超二级	超二级
漯河	超二级	超二级	一级	二级	二级	超二级	超二级
三门峡	超二级	超二级	一级	二级	二级	超二级	超二级
南阳	超二级	超二级	一级	二级	二级	超二级	超二级
商丘	超二级	超二级	一级	二级	二级	超二级	超二级
信阳	超二级	超二级	一级	二级	二级	超二级	超二级
周口	超二级	超二级	一级	二级	二级	超二级	超二级
驻马店	超二级	超二级	一级	二级	二级	超二级	超二级
济源	超二级	超二级	二级	超二级	二级	超二级	超二级

（3）日达标情况

2018 年，18 个省辖市城市环境空气质量优、良天数比例为 52.4%（剔除沙尘影响后为 56.6%）。信阳 1 市在 60%以上，三门峡、南阳、商丘、周口、驻马店、漯河、许昌、鹤壁、濮阳、平顶山、济源、开封 12 市在 50%以上，洛阳、新乡、焦作、郑州、安阳 5 市在 50%以下。

表 2.1-2 2018 年省辖市城市环境空气质量日达标情况 单位：%

城市	2018 年		2017 年		比较（百分点）	
	优良比例	重度污染及以上天气比例	优良比例	重度污染及以上天气比例	优良比例	重度污染及以上天气比例
郑州	46.0	8.8	45.5	10.1	0.5	−1.3
开封	50.1	7.7	52.3	7.7	−2.2	0.0
洛阳	49.6	6.6	46.0	8.5	3.6	−1.9
平顶山	51.2	6.8	51.5	6.6	−0.3	0.2
安阳	43.8	10.1	42.7	13.4	1.1	−3.3
鹤壁	53.4	4.7	51.2	7.7	2.2	−3.0
新乡	48.5	7.1	47.4	7.1	1.1	0.0
焦作	46.0	8.2	46.8	9.6	−0.8	−1.4
濮阳	51.8	6.3	49.3	8.8	2.5	−2.5
许昌	54.2	9.3	54.5	7.4	−0.3	1.9
漯河	54.5	6.8	57.5	7.4	−3	−0.6
三门峡	58.1	5.2	60.0	5.8	−1.9	−0.6
南阳	57.5	7.7	55.9	4.9	1.6	2.8
商丘	55.9	7.4	57.3	3.0	−1.4	4.4
信阳	61.1	2.7	72.9	3.8	−11.8	−1.1
周口	55.9	6.0	57.3	4.9	−1.4	1.1
驻马店	55.6	4.1	60.0	4.4	−4.4	−0.3
济源	50.1	8.8	61.4	4.9	−11.2	3.9
全省	52.4	6.9	53.9	7.0	−1.5	−0.1

（4）污染特征

2018 年，18 个省辖市城市环境空气首要污染物是 $PM_{2.5}$，其次为 PM_{10}。

表 2.1-3 2018 年省辖市环境空气综合指数分析

项目	$PM_{2.5}$	PM_{10}	SO_2	NO_2	CO	O_3	综合指数
综合指数（I_i）	1.83	1.63	0.27	0.98	0.53	1.18	6.42
污染负荷系数（f_i）	0.29	0.25	0.04	0.15	0.08	0.18	—
f_i排序	1	2	6	4	5	3	—
首要污染物：$PM_{2.5}$							

2.1.2 对比分析

2.1.2.1 单因子对比分析

（1）$PM_{2.5}$

年均浓度变化 与上年相比，2018 年省辖市 $PM_{2.5}$ 污染程度基本不变；18 个省辖市年均浓度值均超二级标准，与上年持平；省辖市年均浓度值由 66 μg/m^3 下降到 64 μg/m^3，下降 3.0%。

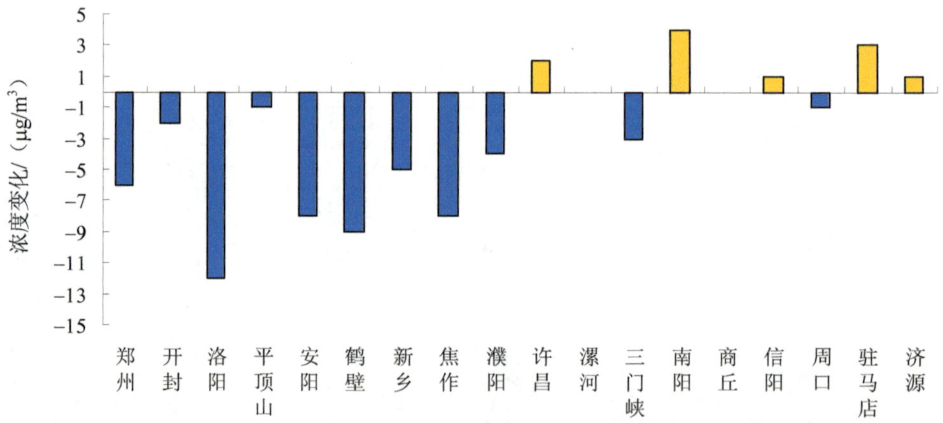

图 2.1-14　2018 年与 2017 年省辖市 $PM_{2.5}$ 浓度年均值变化

季节变化 冬季 $PM_{2.5}$ 浓度最高，春季、秋季次之，夏季最低。月均值接近 U 形波状变化。

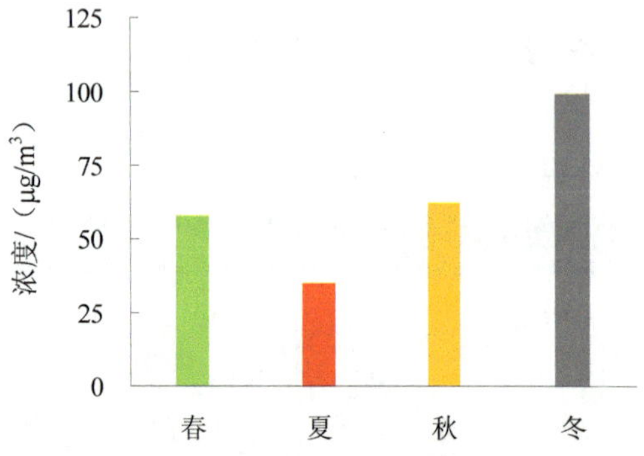

图 2.1-15　省辖市 $PM_{2.5}$ 浓度季均值变化

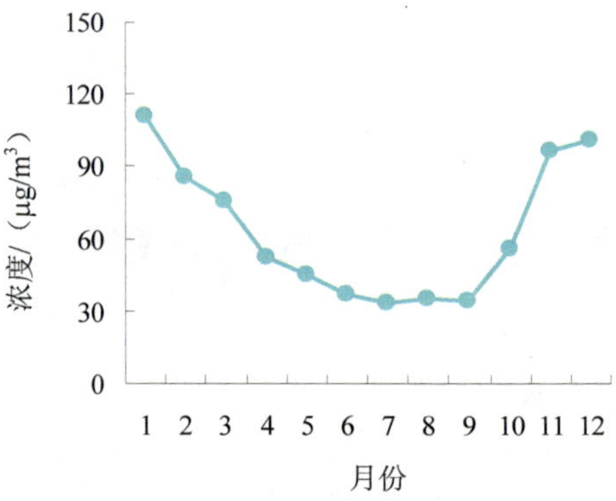

图 2.1-16　省辖市 $PM_{2.5}$ 浓度月均值变化

（2）PM_{10}

年均浓度变化　与上年相比，2018 年省辖市 PM_{10} 污染程度基本不变；18 个省辖市浓度年均值均超二级标准，与上年持平；省辖市年均浓度值由 117 μg/m³ 下降到 114 μg/m³，下降 2.6%。

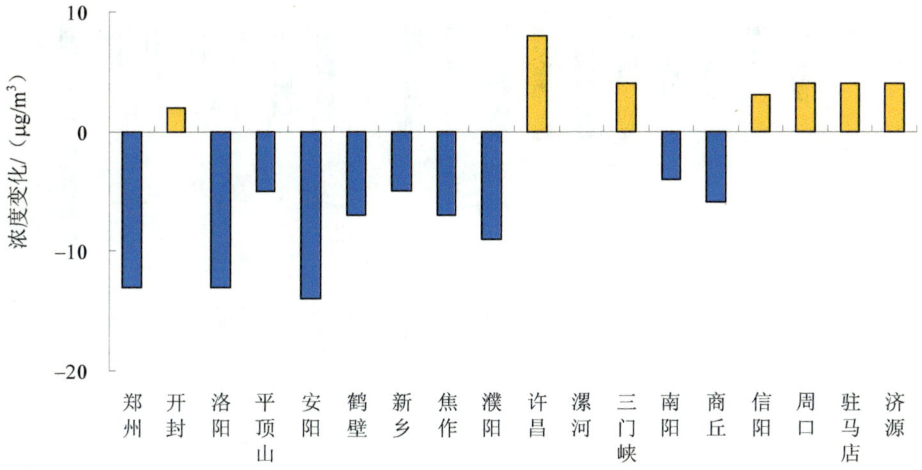

图 2.1-17　2018 年与 2017 年省辖市 PM_{10} 年均值变化

季节变化　冬季 PM_{10} 浓度最高，春季、秋季次之，夏季最低。月均值接近 U 形波状变化。

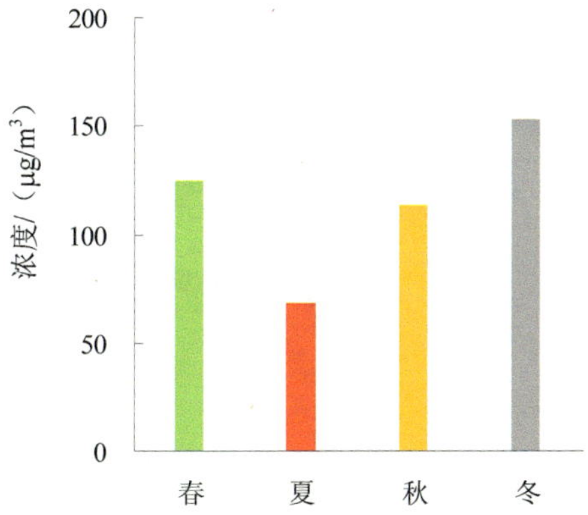

图 2.1-18　省辖市 PM_{10} 浓度季均值变化

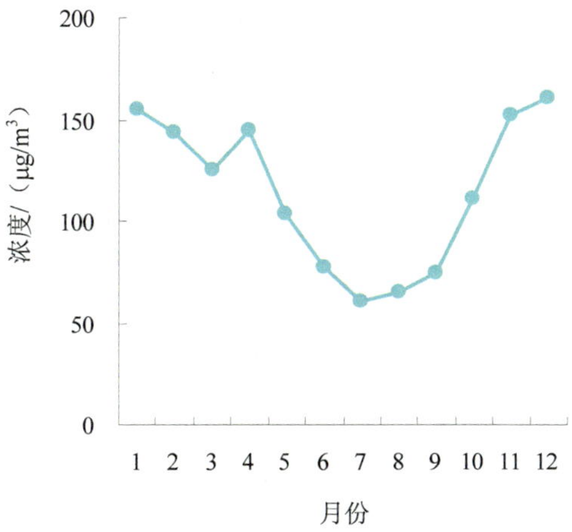

图 2.1-19　省辖市 PM_{10} 浓度月均值变化

（3）SO_2

年均浓度变化 与上年相比，2018 年 SO_2 污染程度基本不变，2018 年年均浓度值达到一级标准的城市为 16 个，与上年相比，增加 9 个，达到二级标准的城市为 2 个，与上年相比，减少 9 个，无超二级标准的城市，与上年相比，持平。省辖市年均浓度值由 22 μg/m^3 下降到 16 μg/m^3，下降 27.3%。

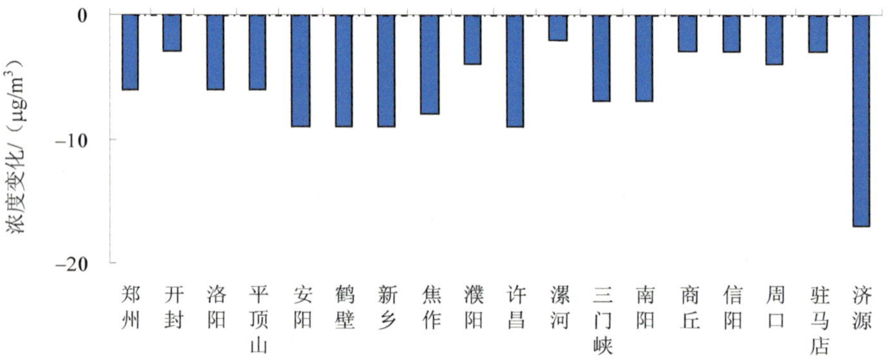

图 2.1-20 2018 年与 2017 年省辖市 SO_2 浓度年均值变化

季节变化 冬季 SO_2 浓度最高，春季、秋季次之，夏季最低。月均值接近 U 形波状变化。夏季浓度均值是夏季的 2 倍，季节性变化比较明显，说明能源结构仍以煤炭为主。

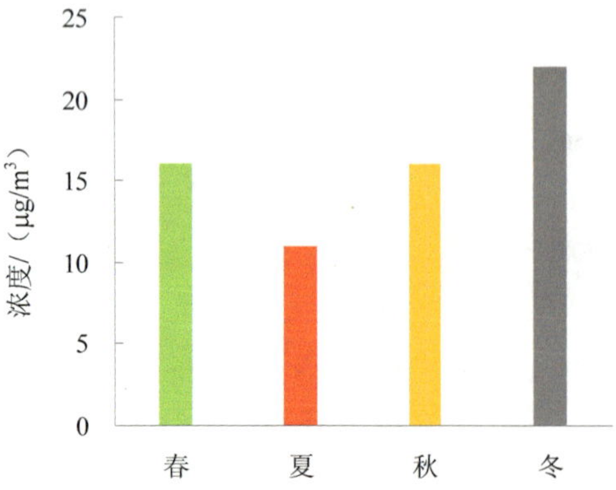

图 2.1-21 省辖市 SO_2 浓度季均值变化

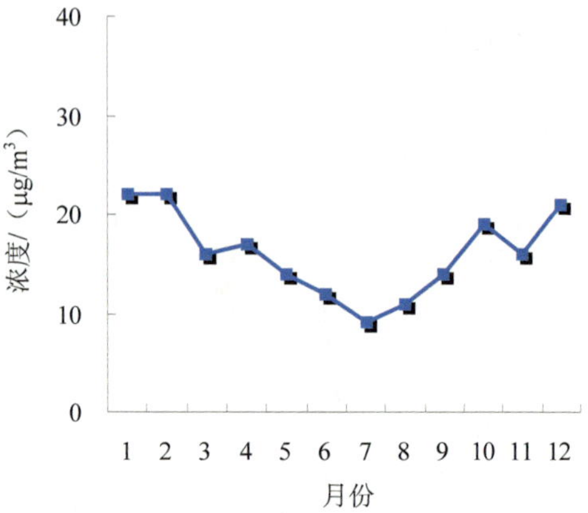

图 2.1-22 省辖市 SO_2 浓度月均值变化

（4）NO_2

年均浓度变化 与上年相比，2018 年 NO_2 污染程度基本不变，2018 年年均浓度值达到二级标准的城市为 12 个，与上年相比，增加 3 个，超二级标准的城市为 6 个，与上年相比减少 3 个，持平。省辖市年均浓度值由 41 μg/m³ 下降到 39 μg/m³，下降 4.9%。

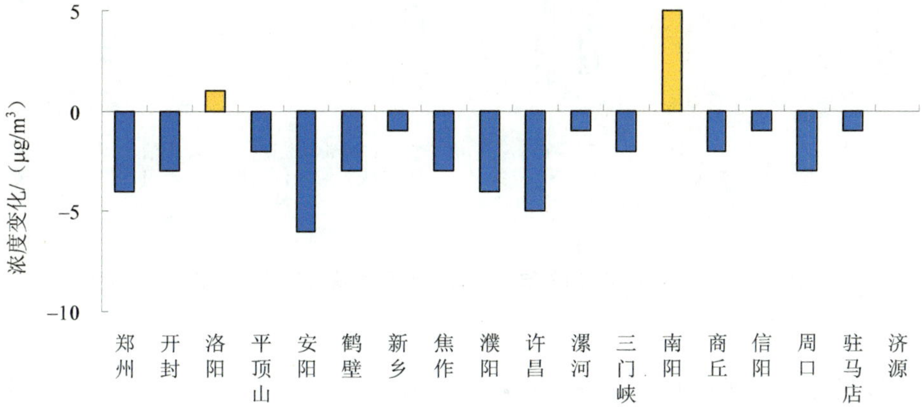

图 2.1-23 2018 年与 2017 年省辖市 NO_2 浓度年均值变化

季节变化 冬季 NO_2 浓度最高，春季、秋季次之，夏季最低。月均值接近 U 形波状变化。

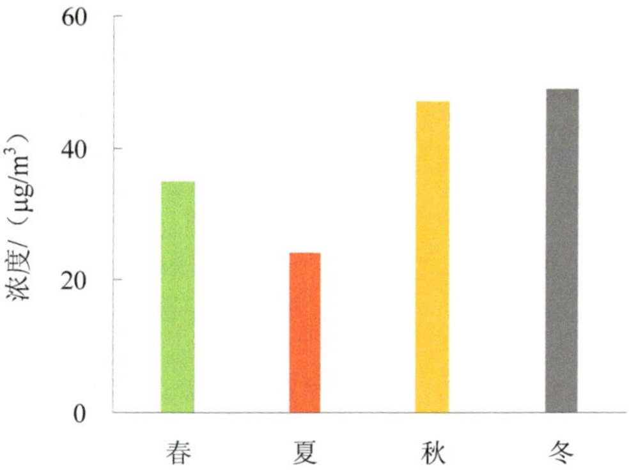

图 2.1-24 省辖市 NO_2 浓度季均值变化

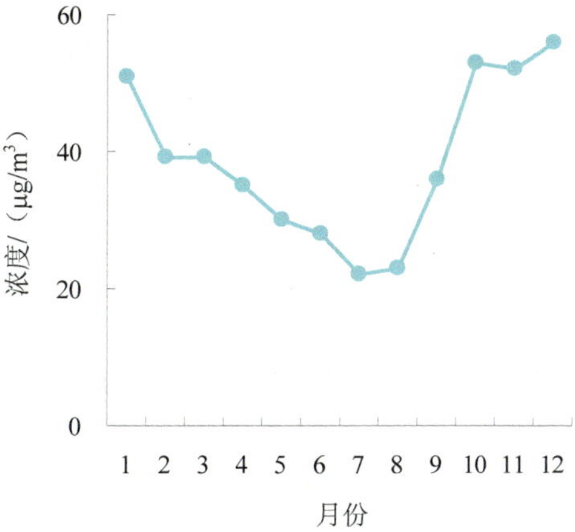

图 2.1-25 省辖市 NO_2 浓度月均值变化

（5）CO

年第 95 百分位浓度变化 与上年相比，2018 年省辖市 CO 污染程度基本不变，年第 95 百分位浓度达到二级标准的城市为 18 个，与上年相比，增加 1 个。

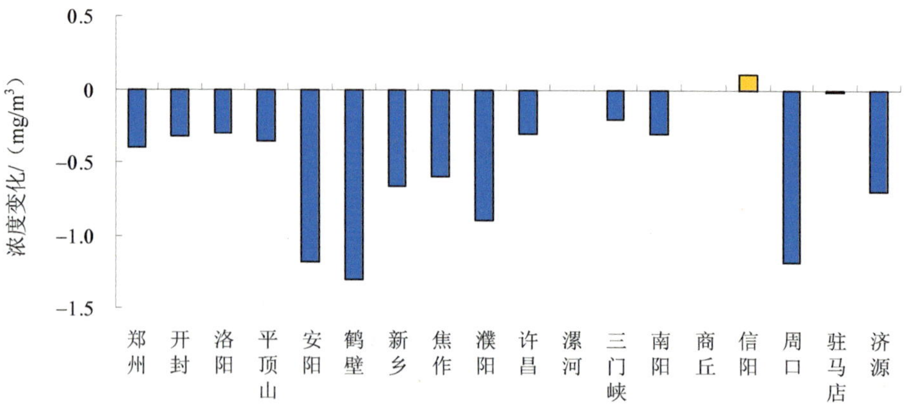

图 2.1-26 省辖市 2018 年与 2017 年 CO 第 95 百分位浓度值变化

季节变化 冬季 CO 第 95 百分位浓度均值最高，春季、秋季次之，夏季最低。月第 95 百分位浓度接近 U 形波状变化。

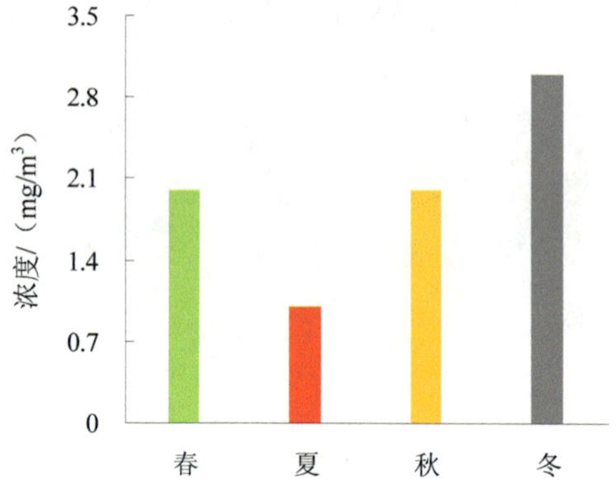

图2.1-27 省辖市CO季第95百分位浓度值变化

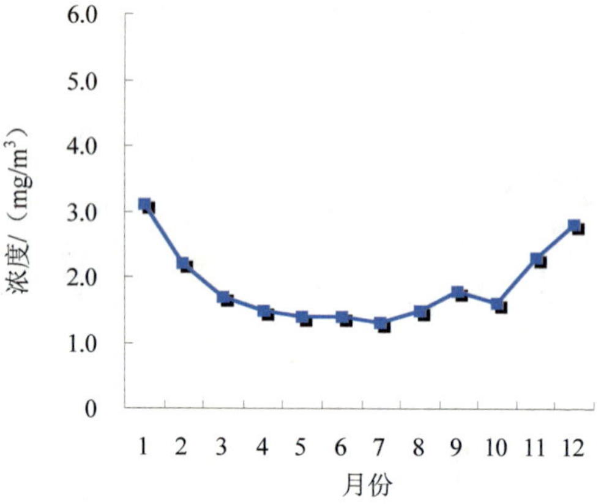

图2.1-28 省辖市CO月第95百分位浓度值变化

（6）O_3

年第 90 百分位浓度变化 与上年相比，2018 年省辖市 O_3 第 90 百分位浓度污染程度基本不变；年第 90 百分位浓度超二级标准的城市为 18 个，与上年相比，增加 1 个。

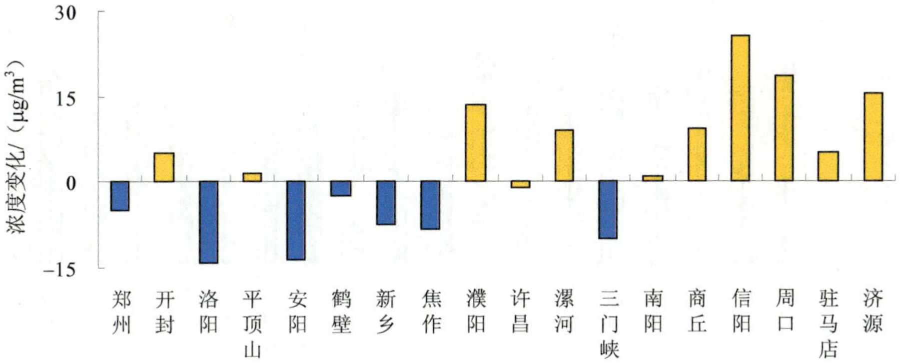

图 2.1-29 2018 年与 2017 年省辖市 O_3 最大 8 h 均值第 90 百分位浓度变化

季节变化 夏季 O_3 最大 8 h 均值季第 90 百分位浓度均值最高，秋季、春季次之，冬季最低。月第 90 百分位浓度值接近倒 U 形波状变化。

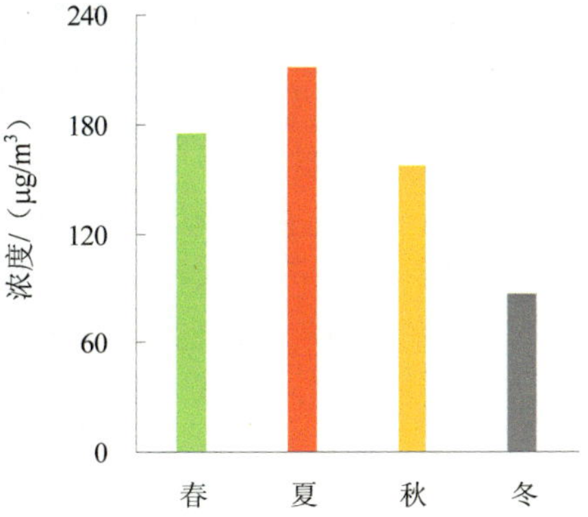

图2.1-30 省辖市O_3季第90百分位浓度值变化

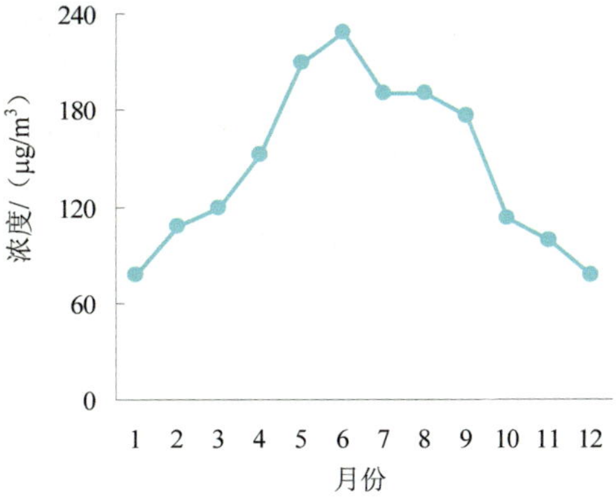

图2.1-31 省辖市O_3月第90百分位浓度值变化

2.1.2.2 综合评价对比

2018 年，省辖市城市环境空气质量基本稳定，平均综合质量指数为 1.07，与上年相比基本持平。（按平均综合质量指数由小到大）信阳、南阳、周口、商丘、驻马店、漯河、三门峡、濮阳、平顶山、许昌、开封、洛阳、鹤壁、郑州、新乡、济源 16 市环境空气质量为轻度污染，焦作、安阳 2 市环境空气质量为中度污染。与上年相比，2018 年省辖市城市环境空气首要污染物仍为 $PM_{2.5}$，其次为 PM_{10}。

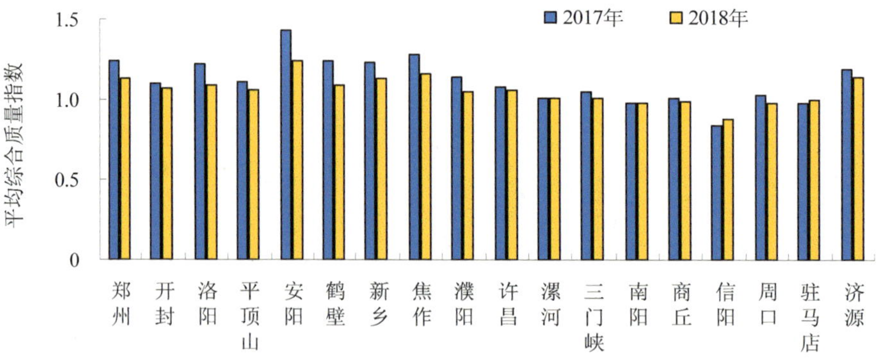

图 2.1-32　2018 年与 2017 年省辖市城市环境空气质量比较

表 2.1-4　2018 年与 2017 年省辖市城市环境空气综合评价对比

城市名称	2018 年		2017 年		I 变化
	I（平均综合质量指数）	定性级别	I（平均综合质量指数）	定性级别	
郑州	1.13	轻度污染	1.24	中度污染	−0.11
开封	1.07	轻度污染	1.10	轻度污染	−0.03
洛阳	1.09	轻度污染	1.22	中度污染	−0.13
平顶山	1.06	轻度污染	1.11	轻度污染	−0.05
安阳	1.24	中度污染	1.43	中度污染	−0.19
鹤壁	1.09	轻度污染	1.24	中度污染	−0.15
新乡	1.13	轻度污染	1.23	中度污染	−0.10
焦作	1.16	中度污染	1.28	中度污染	−0.12
濮阳	1.05	轻度污染	1.14	轻度污染	−0.09
许昌	1.06	轻度污染	1.08	轻度污染	−0.02
漯河	1.01	轻度污染	1.01	轻度污染	0.00
三门峡	1.01	轻度污染	1.05	轻度污染	−0.04
南阳	0.98	轻度污染	0.98	轻度污染	0.00
商丘	0.99	轻度污染	1.01	轻度污染	−0.02
信阳	0.88	轻度污染	0.84	轻度污染	0.04
周口	0.98	轻度污染	1.03	轻度污染	−0.05
驻马店	1.00	轻度污染	0.98	轻度污染	0.02
济源	1.14	轻度污染	1.19	轻度污染	−0.05
省辖市平均	1.07	轻度污染	1.12	轻度污染	−0.05

2.1.2.3　污染特征

（1）污染物特征分析

2018 年全省城市环境空气首要污染物是 $PM_{2.5}$，其次为 PM_{10}。

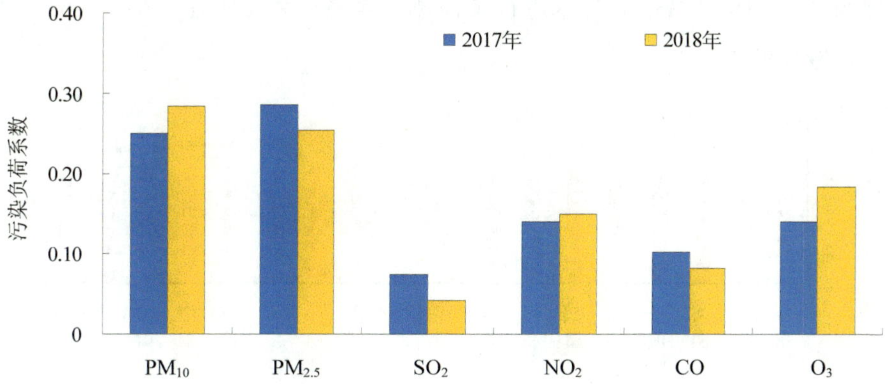

图 2.1-33　2018 年与 2017 年省辖市城市环境空气污染负荷变化

（2）污染季节性特征分析

冬季污染程度最高，春季、秋季次之，夏季最低。

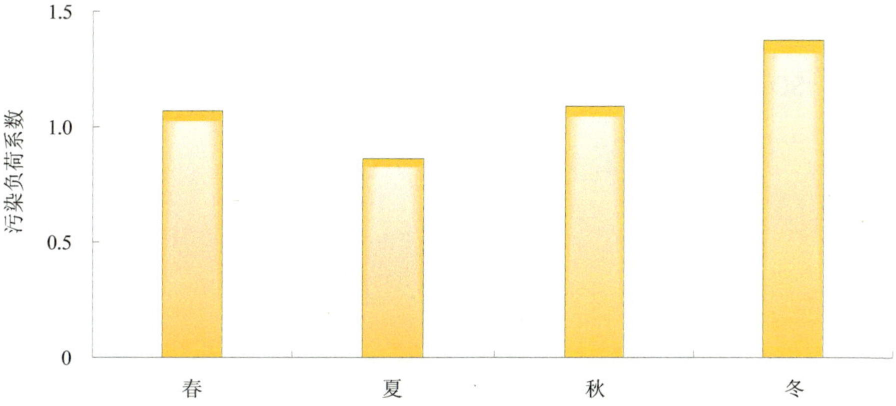

图 2.1-34　2018 年省辖市城市空气污染指数季节变化

2.1.3 降水

2.1.3.1 现状评价

2018 年全省 18 个城市对降水进行了监测，全省降水 pH 在 5.63～9.61，平均 pH 为 6.75，未发生酸雨。

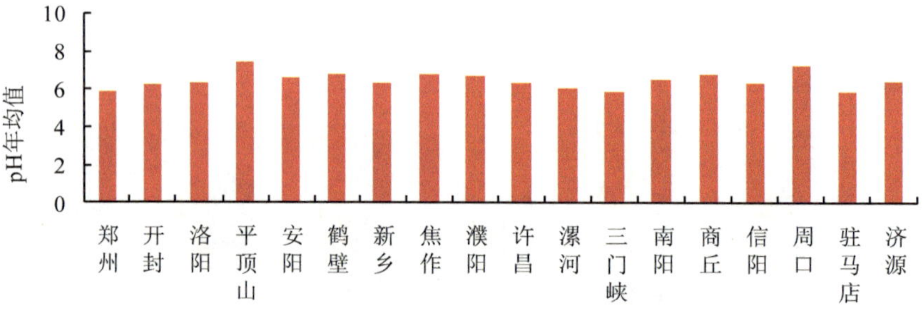

图 2.1-35 2018 年河南省 18 省辖市城市降水酸度

在降水离子组成中，阴离子含量（mg/L）由高到低依次为硫酸根＞氯离子＞硝酸根＞氟离子，其中硫酸根含量远高于其他各项阴离子，$SO_4^{2-}/\Sigma B^-$比值范围为 0.29～0.77。全省降水阴离子部分，硫酸根浓度负荷比（$SO_4^{2-}/\Sigma B^-=0.46$）＜0.5，表明河南省降水污染主要受硫化物的影响，为硫酸型。信阳市降水的硫酸型表现最为突出，硫酸根负荷比（$SO_4^{2-}/\Sigma B^-$）为 0.77。

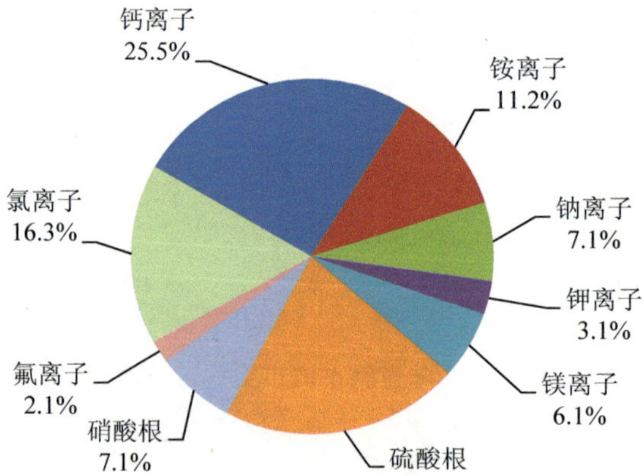

图 2.1-36 全省降水阴、阳离子浓度构成百分比

2.1.3.2　年度对比变化趋势

2018 年全省没有城市降水 pH＜5.6，酸雨发生率为 0。与上年相比持平，降水平均 pH 增加了 0.19 个单位。

2.1.4　2018 年冬季重污染天气对河南省空气质量影响的分析

冬季（1 月、11 月、12 月），因不利气象条件和区域性传输叠加的影响，重污染天气频繁发生，抬升了 PM_{10}、$PM_{2.5}$ 浓度。

（1）污染过程

2018 年 11—12 月，河南省共经历 5 次污染过程，分别是 11 月 1—4 日、11 月 10—15 日、11 月 22 日—12 月 4 日、12 月 10—16 日、12 月 18—25 日。污染过程历时 4～13 天，尤其是 11 月 22 日—12 月 4 日污染过程，历时近半个月，是 2018 年污染时间最长、污染程度最重的一次，全省 18 省辖市均出现了 3～9 天的重度及以上污染天气，PM_{10}、$PM_{2.5}$ 日浓度峰值分别高达 424 μg/m^3、290 μg/m^3。

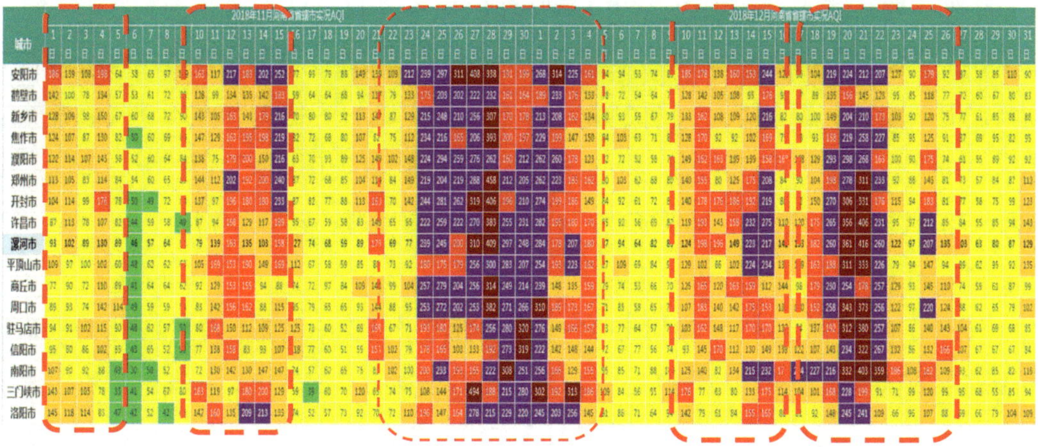

图 2.1-37　2018 年 11—12 月污染日历

（2）管控效果

此 5 次污染过程，河南省各省辖市均及时发布重污染天气橙、红色预警并及时启动Ⅱ级、Ⅰ级响应。在严格管控下，各省辖市排放量得到明显削减，从 2018 年 11—12

月污染源在线监控数据来看，5 次污染过程工业排放量分别较管控前减排 22.3%、27.3%、42.8%、39.3%、44.0%；部分城市在 12 月期间施行机动车单双号限行措施。

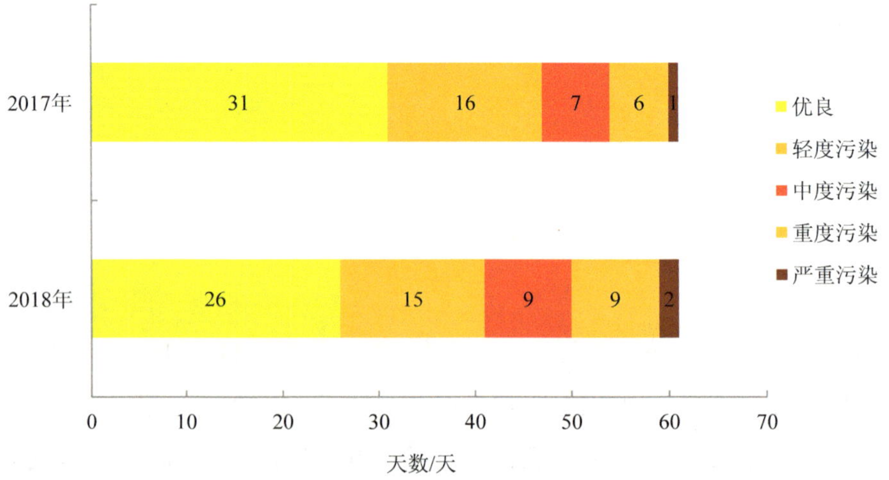

图 2.1-38　2017 年及 2018 年 11—12 月污染天气等级分布

各地市通过及时采取相应等级的预警管控，2018 年污染程度在较往年同样不利的气象条件下明显降低。通过 CUACE 模型模拟 2018 年 11—12 月 5 次污染过程，河南省 $PM_{2.5}$ 平均浓度可削减 13.1%左右。特别是 2018 年日均空气质量没有出现“爆表”现象，而回顾往年，“爆表”时有发生。另外，2018 年 11—12 月，在不利气象条件及国家严防“一刀切”的严格要求下，河南省仍然取得 26 天优良天，仅较上一年同期少 5 天，充分说明管控取得了积极成效，起到了明显的“削峰降指”作用。

（3）污染成因

气态污染物二次转化为 2018 年 11—12 月重污染过程的主要来源　11—12 月 5 次污染过程的气象条件整体呈现高湿状态，气态污染物易二次转化。从安阳、焦作、新乡、郑州、濮阳、商丘、三门峡 7 市的 $PM_{2.5}$ 在线组分来看，5 次污染过程中，7 市 $PM_{2.5}$ 主要成分均以硫酸盐、硝酸盐及铵盐等二次无机盐为主，三项之和在 $PM_{2.5}$ 中占比几乎均在 50%～80%。这说明气态污染物的二次转化是导致 2018 年 11—12 月重污染过程中 $PM_{2.5}$ 上升的主要原因。

（4）5 次污染过程中 OC 浓度逐渐上升，燃煤源贡献逐步增加

$PM_{2.5}$ 在线组分显示，2018 年 11—12 月的五次污染过程中 7 市 OC 浓度均呈现持

续上升的趋势，说明燃煤排放的一次颗粒物的污染物排放贡献逐步增大，其中安阳、濮阳的 OC 浓度最为突出，比其他城市高出 2～3 倍，同时两市 OC 浓度在 $PM_{2.5}$ 中的占比也逐渐上升，在 12 月 18—25 日的污染过程中甚至超过了硫酸盐和硝酸盐，成为第一污染来源，且 OC 与 $PM_{2.5}$ 表现出明显的同升同降趋势，表明安阳、濮阳燃煤排放的一次颗粒物逐步成为其污染的主要原因。

①存在的问题

2018 年 11—12 月 5 次污染过程中均存在部分省辖市未严格落实重污染天气应急管控措施的现象，一是存在慢管控现象，如有些城市未及时启动相应级别，导致管控效果差。二是存在弱管控现象，在管控期间部分城市工业排放量未按要求进行减排，甚至有些城市在管控期间呈持续上升趋势，还有些城市管控停留在表面上，预警升级，减排量并未下降。三是部分城市的企业和工地存在假管控现象，督查发现，多家企业和工地工业企业管控期间未落实停限产措施。

②造成的影响

2018 年 11—12 月的污染过程导致全省除周口外其他各省辖市增加了 1～11 天的重度及以上污染天数，统计 11—12 月计算结果显示，全月的这 5 次污染过程均拉高全省 PM_{10}、$PM_{2.5}$ 年均浓度 7 μg/m³，仅两个月贡献了全年 44%的重污染天数，影响深重。

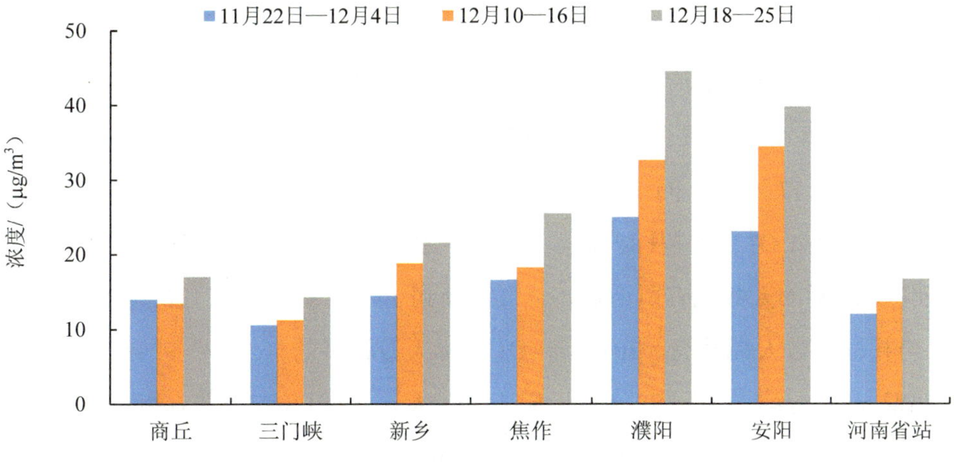

图 2.1-39 2018 年 11—12 月 7 市 5 次污染过程 OC 浓度对比

2.1.5 原因分析

2.1.5.1 空气质量现状

（1）空气质量逐年改善

空气质量逐年持续改善，2018 年与“十二五”末相比，河南省空气质量明显改善，各项污染物浓度均有所下降，优良天数比例有所上升。颗粒物浓度值显著下降，PM_{10}、$PM_{2.5}$ 分别由 135 μg/m^3、80 μg/m^3 降低到 114 μg/m^3、64 μg/m^3，分别下降了 15.6%、20.0%；SO_2 污染得到有效遏制，由 39 μg/m^3 降低到 16 μg/m^3，下降了 59.0%；NO_2 污染改善幅度甚微，由 41 μg/m^3 降低到 39 μg/m^3，下降了 4.9%；CO 年第 95 百分位浓度由 3.0 mg/m^3 下降到 2.5 mg/m^3，下降了 16.7%；O_3 年第 90 百分位浓度由 153 μg/m^3 升高到 184 μg/m^3，上升了 16.7%；优良天数比例在 O_3 超标天数日益增多的基础上由 50.2% 升高到 52.4%，上升了 2.2 个百分点。

（2）空气质量污染呈西北较重、东南较轻趋势

河南省 18 个省辖市以京广—陇海铁路作为分界线，西北部地区空气质量污染较严重，东南地区污染空气质量较轻，空间特征变化显示，浓度较高区域集中分布在河南的北部以及中部地区。

（3）夏季与秋初 O_3 超标率凸显，O_3 污染天数增多

2018 年，全省出现 O_3 轻度及以上污染天数平均为 69 天，夏季与秋初（5—9 月）O_3 污染上升趋势明显，期间全省 O_3 超标率为 38.1%（平均 58 天），远高于 $PM_{2.5}$（0.9%）、PM_{10}（3.1%），18 个省辖市合计以 O_3 为首要污染物的污染天数为 993 天·市，占期间全部污染天数（1 247 天·市）的 79.6%，时段性 O_3 污染已成为各地的主要环境问题之一；与上年相比，全省 O_3 平均超标天数增加 3 天，由于 2018 年总体气温高于 2017 年，从 3 月开始 O_3 超标的天数就有所增加，一直持续到 10 月，超标时间延续较长，污染最严重的月份超标天数大幅升高。2018 年 O_3 超标天数较多的有焦作（92 天）、新乡（90 天）、鹤壁（82 天）、郑州（78 天）、安阳（77 天）、洛阳（77 天）6 市。

近两年的监测数据显示，全省 18 个省辖市除郑州、洛阳、安阳、三门峡、南阳等少数城市外，其他省辖市无论是 O_3 浓度还是 O_3 污染天数均呈明显上升趋势。

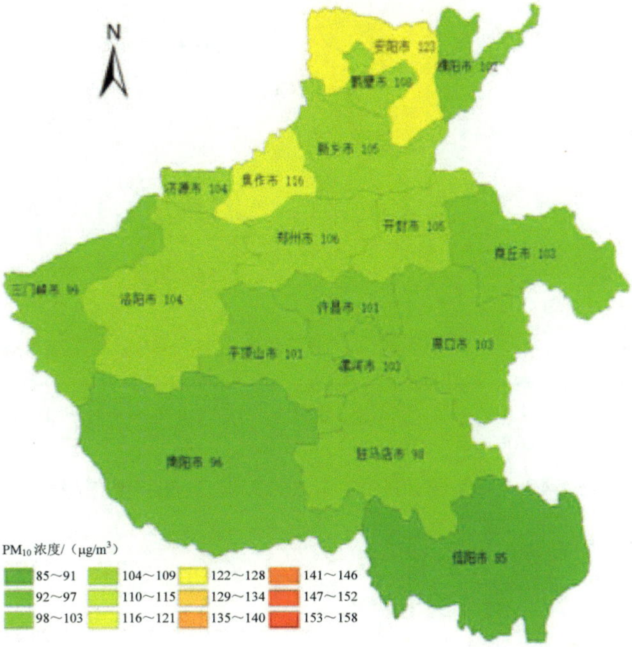

图 2.1-40 2018 年省辖市城市环境空气质量 PM_{10} 年均值分布图

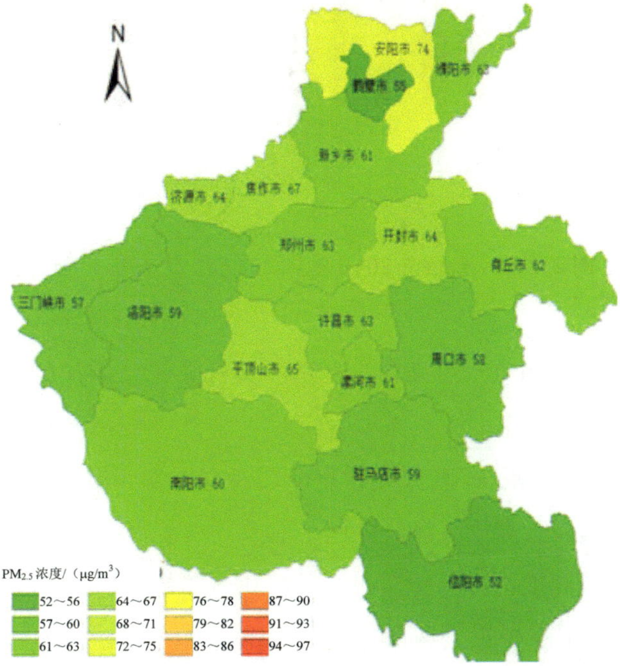

图 2.1-41 2018 年省辖市城市环境空气质量 $PM_{2.5}$ 年均值分布图

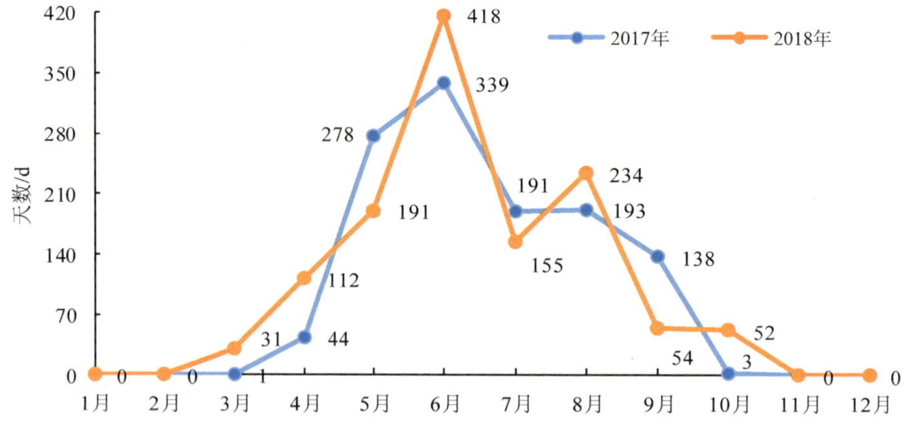

图 2.1-42　河南省 2018 年与 2017 年 O_3 超标变化趋势比较

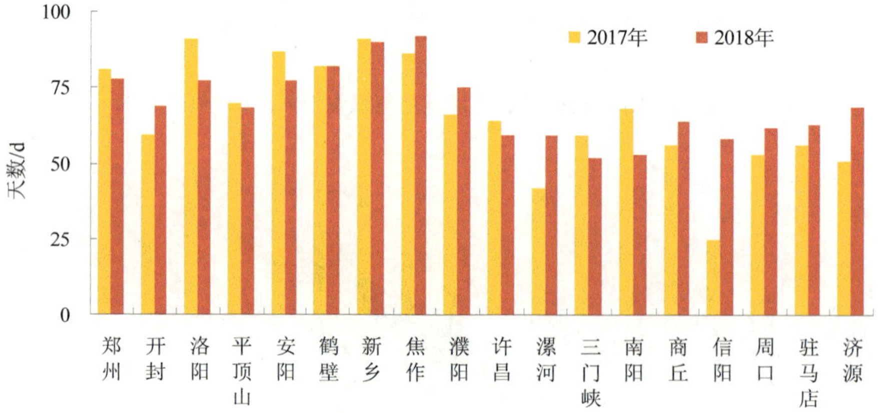

图 2.1-43　省辖市 2018 年与 2017 年 O_3 超标天数比较

（4）河南省仍为全国大气污染较为严重的省份之一，全省在全国 169 个地级城市排名总体靠后

2018 年，河南省 PM_{10} 平均浓度在京津冀及周边省（市）中处于较高地位，与河北持平，仅低于山西省，高于天津、陕西、北京、内蒙古；$PM_{2.5}$ 浓度值在京津冀及周边省（市）中处于最高地位。

在 2018 年全国 169 个重点城市综合指数排名中，河南省有 4 个省辖市位于后 20 名之列，排名靠后的城市为：安阳倒数第 6、焦作倒数第 11、新乡倒数第 13、郑州倒数第 18；在 2018 年 169 个重点城市空气质量变化幅度排名中，河南省部分城市改善幅度较小，有 7 个省辖市位于后 20 名之列，排名靠后的城市为：信阳倒数第 3、驻马店倒数第 4、南阳倒数第 5、漯河倒数第 7、商丘倒数第 9、开封倒数第 12、许昌倒数第 20。

2.1.5.2 原因分析

（1）全面有效的管理政策及治理方案的实施，使空气质量持续改善得到有力保障

河南省政府以科学发展观为指导，以保护人民群众身体健康为根本出发点，以改善大气环境质量、减少灰霾天气为目标，坚持经济发展与环境保护相协调、政府调控与市场调节相结合、重点突破与全面推进相结合、属地管理和区域协作相结合，为了遏制城市环境空气质量持续恶化、改善空气质量，自 2016 年大气污染物治理攻坚战开展以来，河南省政府连续出台了《关于打赢大气污染防治攻坚战的意见》（豫发〔2016〕18 号）、《河南省 2017 年持续打好打赢大气污染防治攻坚战行动方案》（豫政办〔2017〕7 号）、《河南省 2018 年大气污染防治攻坚战实施方案》（豫政办〔2018〕14 号）、《中共河南省委　河南省人民政府关于全面加强生态环境保护坚决打好污染防治攻坚战的实施意见》（豫发〔2018〕19 号）、《河南省人民政府关于印发河南省污染防治攻坚三年行动计划（2018—2020 年）》（豫政〔2018〕30 号）等大气污染治理政策及管理方案。

《河南省污染防治攻坚战三年行动计划》指出：2020 年，信阳、南阳、周口、驻马店 4 市达到国家环境空气质量二级标准（$PM_{2.5}$ 年均浓度≤35 μg/m^3），许昌、漯河 2 市到 2021 年达到国家环境空气质量二级标准，开封、商丘 2 市到 2023 年达到国家环境空气质量二级标准，空气质量明显好转。力争再用五年或更长时间，逐步消除重污染天气，全省空气质量明显改善。计划指出 2018—2020 年重点打好结构调整优化、工业企业绿色升级、柴油货车治理、城乡扬尘全面清洁、环境质量监控全覆盖五个标志性攻坚战役。全面、持续、有效的大气污染治理政策及管理方案的出台为河南省空气质量的改善提供了有力保障。

（2）机动车保有量逐年上升，单位面积机动车保有量比例保持较高水平

为减轻机动车尾气对空气质量的影响，全省强化机动车尾气治理工作，完善机动车环境管理制度，加强机动车环保定期检验，实施机动车环保标志管理，对排放不达

标的车辆进行专项整治，继续实施汽车“以旧换新”，加快高污染“黄标车”和老旧汽车的淘汰进程。但与此同时，2018 年与“十二五”末相比，机动车保有量飞速增长，2018 年机动车保有量较“十二五”末增长幅度高达 11.3%，建成区单位面积机动车保有量比例由“十一五”末的 0.89 升高为 0.90，处于全国首列；城市道路的建设已严重满足不了机动车的飞速增长，各省辖市城区不同程度地出现严重堵车情况，加速机动车尾气的污染，在这种情况下，全省城市环境空气 NO_2 浓度持续升高，2015—2018 年连续四年超出年二级标准。

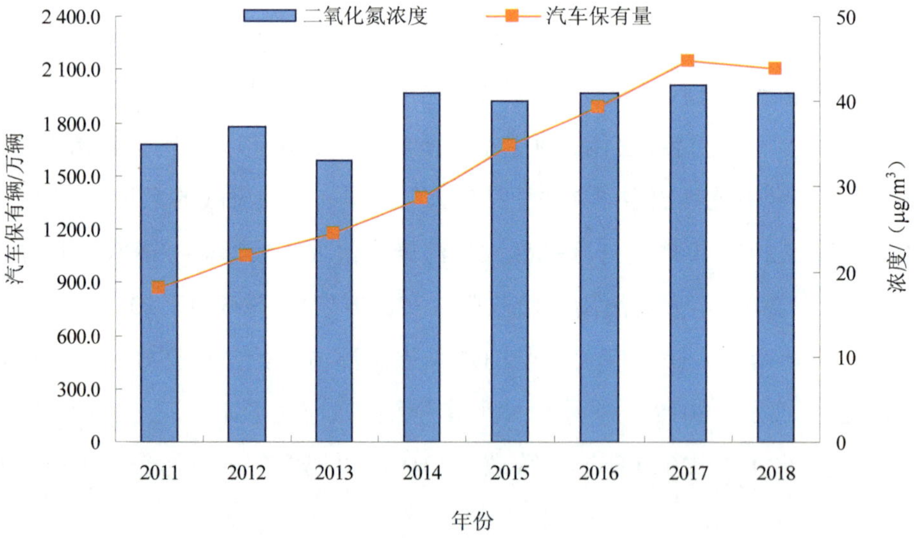

图 2.1-44　河南省汽车保有量及 NO_2 浓度年际变化趋势

（3）河南省地处中原地带，相对于其他相邻省份，地理环境、气象条件不利于污染物的扩散

河南省总面积 16.7 万 km^2，占全国面积的 1.74%，却承载了全国近 10%的人口，过高的人口密度、经济活动产生巨大的能源消耗，由此产生的废气是大气污染物的主要来源。随着经济的快速发展，河南省大兴土木，引进外资，开办工业园等，将大量污染物排入大气，大规模经济建设一定程度上影响了大气环境。气态污染物（SO_2、NO_x）由于其性状不稳定，在空气中停留时间短，多以本地污染为主，夏季 NO_x 集中在东南部农业县市；而较为稳定的颗粒物则不仅有本地污染源，也有外来输送，以京广—陇海铁路作为分界线，西北污染较严重，东南污染较轻；太行山山脉东侧存在大气污

染物的“聚集带”，工业较为集中，地理条件不利于污染扩散，导致污染物在河南省西北集聚，这与河南省整体的工业布局、自然资源分布和各城市工业企业的发展水平关系密切。

外来输入加剧污染：河南省地势西高东低，北、西、南三面环山，东部平原，空气污染状况具有显著的地理分布特征，地形条件导致河南省大气污染物的输出不利，整体是输入状态。冬春季受北风影响，河南省西北部、中部受到来自河北和山东方向的东北输送通道、来自山西和陕西方向的西北输送通道影响较大；夏秋季主导风向为东南风，东南部受到安徽影响，西南部受湖北输送影响，存在季节性输送（秸秆焚烧）。

气象条件影响显著：河南省为大陆性季风气候，冬季污染物浓度最高，春季、秋季次之，夏季最低，大气污染物浓度变化呈 U 形，与冬春季取暖燃煤量大、静风天气有明显关系；受秸秆焚烧影响，每年的 6 月、10 月会出现局部高值。冬季比较容易形成不利于污染物扩散的地面天气形势，地面和低空风速较小，常伴有较强的辐射逆温或低空逆温，导致污染物不断积累；城市建设增大了地面摩擦系数，近地面污染物（低矮锅炉排放口、生活面源、机动车尾气、道路及工地扬尘等）得不到好的横向稀释的条件，容易在城区内积累高浓度污染；而高空有风，大型电厂等企业的高烟囱则相对较易扩散，导致下风向的区域形成外来输送污染。

（4）产业结构转型升级步伐缓慢，是 O_3 污染日益加重的主因

河南省产业结构转型升级步伐缓慢，发展模式依然粗放，污染物长期超环境容量排放，多年的经济发展使得大气污染物长期积累；经济总量、能源消耗、人口数量仍将保持较快增长，生态资源、环境容量和经济快速发展的矛盾仍将加剧，并将长期存在。随着经济社会的快速发展，以煤炭为主的能源消耗大幅攀升，机动车保有量急剧增加，NO_x 和 VOCs 排放量显著增长，O_3 和 $PM_{2.5}$ 污染加剧，在 PM_{10} 和 TSP（总悬浮颗粒物）污染还未全面解决的情况下，京津冀及其周边地区（包括河南）等区域 $PM_{2.5}$ 和 O_3 污染加重，河南夏季、秋末 O_3 超标现象频繁发生，严重影响了优良天数比例的提升。

2.2 地表水环境质量

2.2.1 现状评价

2.2.1.1 河流

2018年，全省河流水质级别为轻度污染。省辖淮河流域、海河流域、黄河流域为轻度污染，长江流域为优。

在141个监测断面中，水质符合Ⅰ～Ⅲ类标准的断面有85个，占60.4%；符合Ⅳ类标准的断面有37个，占26.2%；符合Ⅴ类标准的断面有14个，占9.9%；水质为劣Ⅴ类的断面有5个，占3.5%。

全省河流断面21项评价因子中有10项因子出现超标情况。主要污染因子为化学需氧量、总磷和五日生化需氧量。

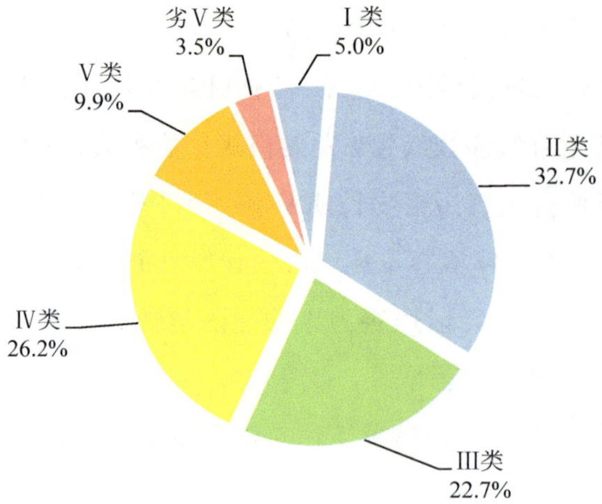

图2.2-1 全省河流断面水质比例

表 2.2-1　2018 年各流域水质类别按断面统计　　单位：个

流域名称	Ⅰ～Ⅲ类	Ⅳ类	Ⅴ类	劣Ⅴ类	总计
淮河流域	31	24	4	1	60
海河流域	7	5	8	0	20
黄河流域	27	8	2	4	41
长江流域	20	0	0	0	20
全省	85	37	14	5	141

表 2.2-2　2018 年全省河流断面超标指标情况统计

指标	超标率/%	年均值范围/（mg/L）	年均值最高断面及超标倍数	
			年均值最高断面	超标倍数
化学需氧量	30.5	2.9～68.8	惠济河太平岗桥	2.4
总磷	16.3	0.007～0.625	惠济河太平岗桥	2.1
五日生化需氧量	12.1	0.2～21.2	惠济河太平岗桥	4.3
氨氮	12.1	0.02～5.39	惠济河太平岗桥	4.4
高锰酸盐指数	9.2	0.6～19.5	惠济河太平岗桥	2.2
石油类	8.5	0.005～0.28	金堤河宋海桥	4.6
氟化物	8.5	0.06～1.40	颍河白沙水库	0.4
挥发酚	5.7	0.000 2～0.073 6	卫河南乐元村集	13.7
溶解氧	0.7	4.3～11.4	惠济河太平岗桥（最低）	—
阴离子表面活性剂	0.7	0.02～0.21	金堤河宋海桥	0.05

全省监控的 67 条河流中，水质级别为优的河流有 23 条，良好的河流有 19 条，轻度污染的河流有 19 条，中度污染的河流有 3 条，重度污染的河流有 3 条。水质级别为优的河流有：淮河流域的史河、臻头河、沙河、北汝河、澧河，海河流域的淇河、露水河、淅河，黄河流域的黄河干流、宏农涧河、青龙涧河、枣香河、文峪河、洛河、伊河、沁河、丹河，长江流域的丹江、淇河、老灌河、丁河、蛇尾河、湍河；为重度污染的河流有：淮河流域的惠济河，黄河流域的汜水河、金堤河。

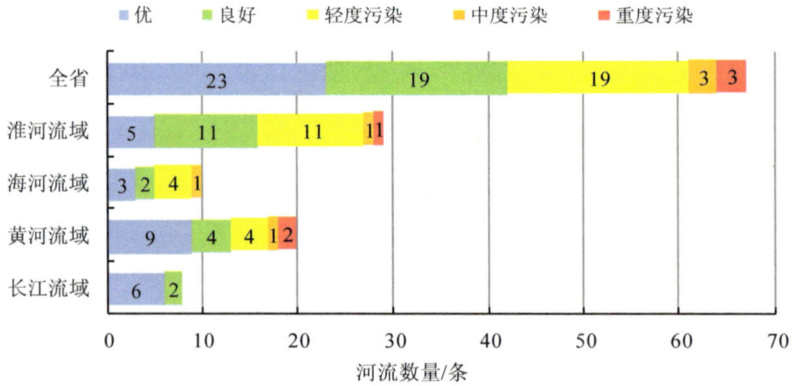

图 2.2-2 全省河流水质污染程度评价

（1）淮河流域

①断面水质类别评价

监控的60个断面中，Ⅰ～Ⅲ类水质断面31个，占51.7%；Ⅳ类水质断面24个，占40.0%；Ⅴ类水质断面4个，占6.7%；劣Ⅴ类水质断面1个，占1.6%。

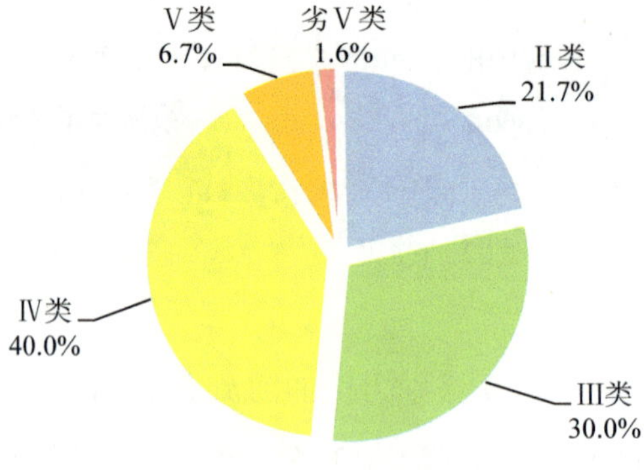

图 2.2-3 省辖淮河流域河流断面水质比例

②主要超标因子评价

淮河流域河流断面有8项因子出现超标情况，主要污染因子为化学需氧量、总磷和五日生化需氧量。

表 2.2-3 2018 年省辖淮河流域河流断面超标指标情况统计

指标	超标率/%	年均值范围/（mg/L）	年均值最高断面及超标倍数	
			年均值最高断面	超标倍数
化学需氧量	35.0	8.4～68.8	惠济河太平岗桥	2.4
总磷	16.7	0.021～0.625	惠济河太平岗桥	2.1
五日生化需氧量	15.0	0.8～21.2	惠济河太平岗桥	4.3
氟化物	13.3	0.06～1.40	颍河白沙水库	0.4
高锰酸盐指数	11.7	1.9～19.5	惠济河太平岗桥	2.2
氨氮	10.0	0.07～5.39	惠济河太平岗桥	4.4
溶解氧	1.7	4.3～10.6	惠济河太平岗桥（最低）	—
挥发酚	1.7	0.000 2～0.032 1	惠济河太平岗桥	5.4

③河流污染程度评价

定性评价

监控的 29 条河流中（同一水质级别按河流综合污染指数从低到高排列），史河、澧河、北汝河、沙河、臻头河 5 条河流水质级别为优；史灌河、灌河、竹竿河、滚河、淮河干流、浉河、潢河、涡河、清潩河、贾鲁河、汝河 11 条河流水质级别为良好；颍河、浍河、白露河、汾河、双洎河、洪河、泉河、大沙河、黑茨河、沱河、包河 11 条河流水质级别为轻度污染；黑河水质级别为中度污染；惠济河水质级别为重度污染。

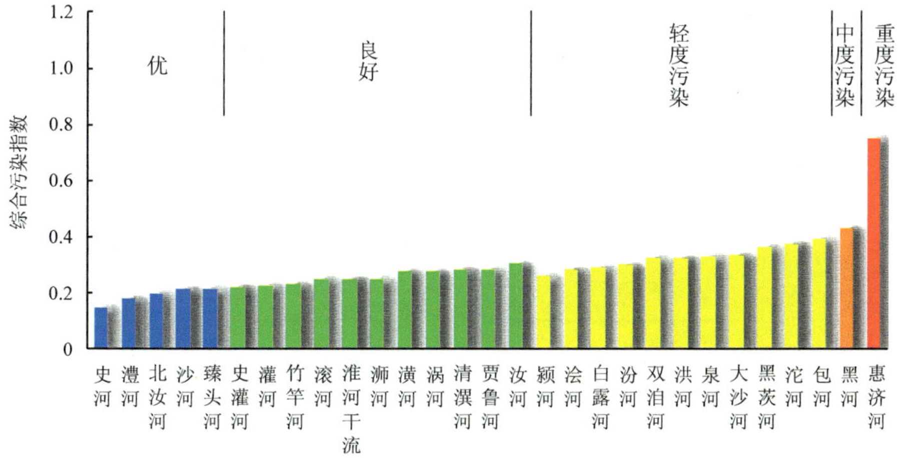

图 2.2-4 省辖淮河流域河流污染程度

主要河流及沿程变化

淮河干流及南部支流：干流水质级别为良好，南部支流史河水质级别为优，灌河、史灌河、浉河、潢河、竹竿河水质级别为良好，白露河水质级别为轻度污染。干流长台关甘岸桥水质级别为优，息县大埠口、淮滨水文站水质级别均为良好。

洪河：水质级别为轻度污染。上游滚河石漫滩水库水质为级别良好；西平杨庄水质级别为轻度污染，主要污染因子氨氮超标 0.4 倍；经新蔡李桥仍为轻度污染，主要污染因子总磷超标 0.1 倍；至新蔡丁湾为中度污染，总磷超标 1.0 倍、化学需氧量超标 0.01 倍；至新蔡班台出省境水质级别为轻度污染，总磷超标 0.2 倍。

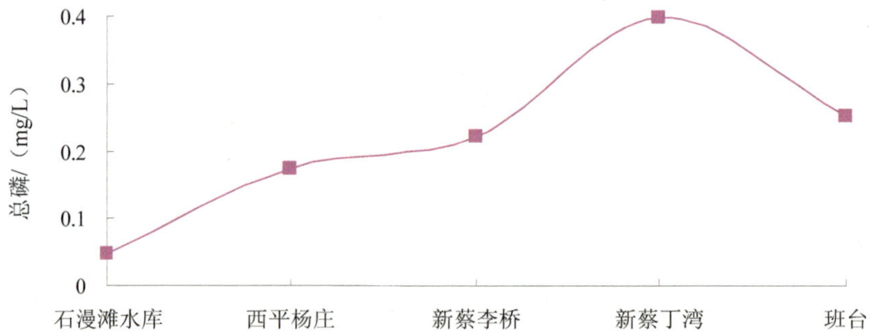

图 2.2-5　洪河主要污染因子沿程变化

颍河：水质级别为轻度污染。上游白沙水库水质级别为轻度污染，氟化物超标 0.4 倍、化学需氧量超标 0.1 倍；禹州褚河大桥、临颍吴刘闸水质级别为优；西华址坊、周口康店水质级别为良好；槐店闸水质级别为轻度污染，化学需氧量超标 0.1 倍、五日生化需氧量超标 0.05 倍；至沈丘纸店出省境水质级别为良好。

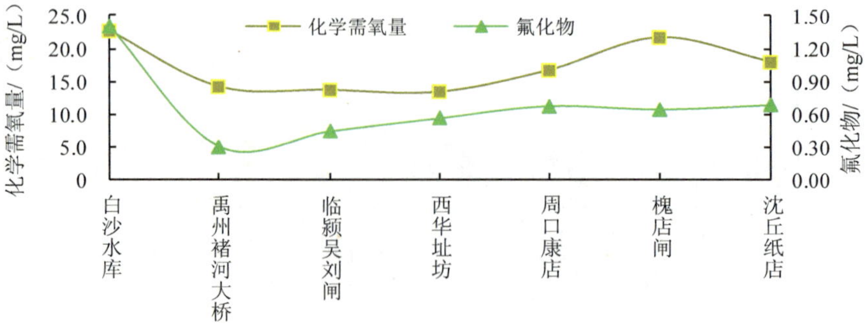

图 2.2-6　颍河主要污染因子沿程变化

（2）海河流域

①断面水质类别评价

监控的 20 个断面中，Ⅰ～Ⅲ类水质断面 7 个，占 35.0%；Ⅳ类水质断面 5 个，占 25.0%；Ⅴ类水质断面 8 个，占 40.0%；无劣Ⅴ类水质断面。

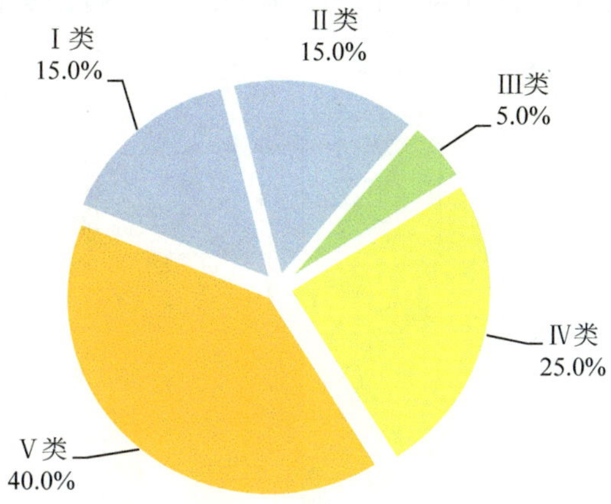

图 2.2-7 省辖海河流域河流断面水质比例

②主要超标因子评价

海河流域有 8 项因子出现超标情况。主要污染因子为化学需氧量、氨氮和挥发酚。

表 2.2-4 2018 年省辖海河流域河流断面超标指标情况统计

指标	超标率/%	年均值范围/（mg/L）	年均值最高断面及超标倍数	
			年均值最高断面	超标倍数
化学需氧量	50	4.2～27.9	卫河南乐元村集	0.4
氨氮	35	0.02～1.92	卫河卫辉水文站	0.9
挥发酚	30	0.000 2～0.073 6	卫河南乐元村集	13.7
石油类	30	0.01～0.12	卫河汤阴五陵	1.4
总磷	30	0.007～0.280	卫河卫辉水文站	0.4
五日生化需氧量	15	0.2～5.2	汤河汤河水库	0.3
氟化物	10	0.11～1.21	共产主义渠卫辉黄土岗	0.2
高锰酸盐指数	10	0.7～6.2	汤河汤河水库	0.03

③河流污染程度评价

定性评价

监控的10条河流中（同一水质级别按河流综合污染指数从低到高排列），淅河、淇河、露水河3条河流水质级别为优；人民胜利渠、马颊河2条河流水质级别为良好；安阳河、大沙河、汤河、卫河4条河流水质级别为轻度污染；共产主义渠水质级别为中度污染。

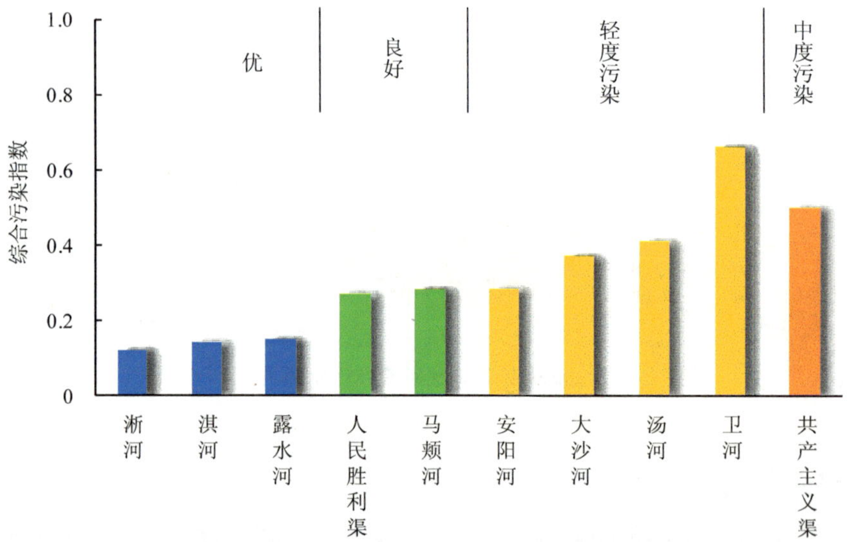

图2.2-8 省辖海河流域河流污染程度

主要河流及沿程变化

卫河：水质级别为轻度污染。上游大沙河修武水文站水质级别为轻度污染，石油类超标0.2倍、化学需氧量超标0.04倍、氟化物超标0.01倍；卫辉水文站水质级别为中度污染，氨氮超标0.9倍、总磷超标0.4倍、挥发酚超标0.2倍；卫辉皇甫水质级别为轻度污染，氨氮超标0.4倍、石油类超标0.4倍、化学需氧量超标0.3倍；小河口至出省境南乐元村集水质级别均为中度污染。小河口挥发酚超标1.3倍、石油类超标1.0倍、氨氮超标0.2倍；汤阴五陵挥发酚超标3.1倍、石油类超标1.4倍、总磷超标0.1倍；南乐元村集挥发酚超标13.7倍、化学需氧量超标0.4倍、五日生化需氧量超标0.02倍。

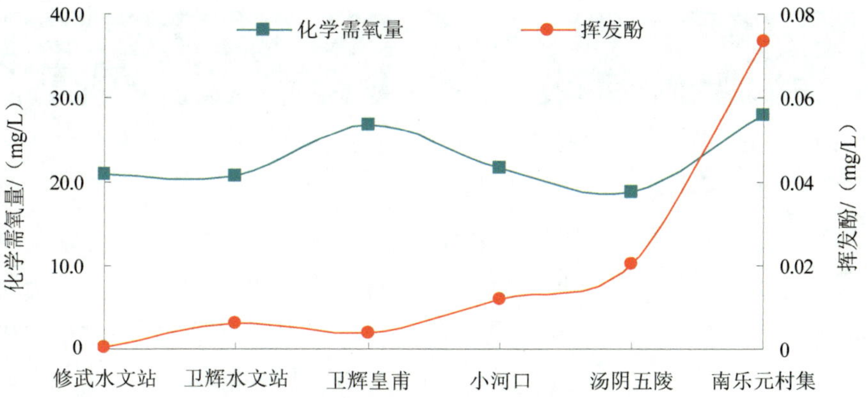

图 2.2-9 卫河主要污染因子沿程变化

（3）黄河流域

①断面水质类别评价

监控的 41 个断面中，Ⅰ～Ⅲ类水质断面 27 个，占 65.8%；Ⅳ类水质断面 8 个，占 19.5%；Ⅴ类水质断面 2 个，占 4.9%；劣Ⅴ类水质断面 4 个，占 9.8%。

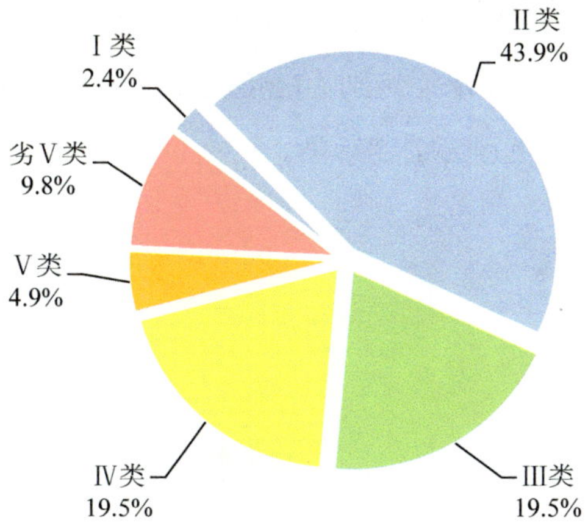

图 2.2-10 省辖黄河流域河流断面水质比例

②主要超标因子评价

黄河流域有 9 项因子出现超标情况。主要污染因子为化学需氧量、总磷和石油类。

表 2.2-5 2018 年省辖黄河流域河流断面超标指标情况统计

指标	超标率/%	年均值范围/（mg/L）	年均值最高断面及超标倍数	
			年均值最高断面	超标倍数
化学需氧量	29.3	2.9～49.2	金堤河宋海桥	1.5
总磷	17.1	0.008～0.608	金堤河子路堤桥	2.0
石油类	14.6	0.005～0.28	金堤河宋海桥	4.6
五日生化需氧量	12.2	0.5～5.6	金堤河宋海桥	0.4
氨氮	9.8	0.07～2.17	汜水河口子	1.2
高锰酸盐指数	9.7	0.6～10.2	金堤河宋海桥	0.7
氟化物	4.9	0.10～1.36	涧河渑池吴庄	0.4
阴离子表面活性剂	2.4	0.02～0.21	金堤河宋海桥	0.05
挥发酚	2.4	0.000 2～0.006 8	金堤河宋海桥	0.4

③河流污染程度评价

定性评价

监控的 20 条河流中（同一水质级别按河流综合污染指数从低到高排列），丹河、文峪河、洛河、伊河、沁河、黄河干流、枣香河、宏农涧河、青龙涧河 9 条河流水质级别为优；蟒河、天然文岩渠、伊洛河、黄庄河 4 条河流水质级别为良好；天然渠、西柳青河、涧河、文岩渠 4 条河流水质级别为轻度污染；阳平河水质级别为中度污染；汜水河、金堤河 2 条河流水质级别为重度污染。

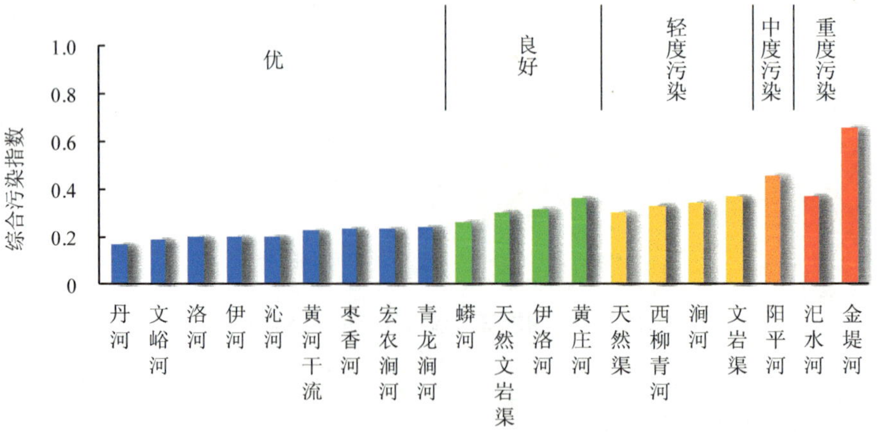

图 2.2-11 省辖黄河流域河流污染程度

主要河流及沿程变化

黄河干流：水质级别为优。入省境风陵渡大桥水质级别为良好，小浪底水库南村、小浪底水库、花园口、出省境东明公路大桥水质级别为优。

洛河：水质级别为优。支流伊河水质级别为优。洛河洛河大桥、洛宁长水、高崖寨水质级别为优，经洛阳市区后白马寺至入黄河干流前七里铺水质级别均为良好。

金堤河：水质级别为重度污染。大韩桥水质级别为轻度污染，高锰酸盐指数超标0.2倍、化学需氧量超标0.1倍；宋海桥、范县金堤桥、子路堤桥水质级别为重度污染，宋海桥石油类超标4.6倍、化学需氧量超标1.5倍、高锰酸盐指数超标0.7倍，范县金堤桥石油类超标2.8倍、总磷超标1.4倍、化学需氧量超标0.5倍，子路堤桥石油类超标3.0倍、总磷超标2.0倍、化学需氧量超标0.7倍；至出省境断面台前贾垓桥水质级别为中度污染，石油类超标3.4倍、总磷超标0.7倍、化学需氧量超标0.4倍。

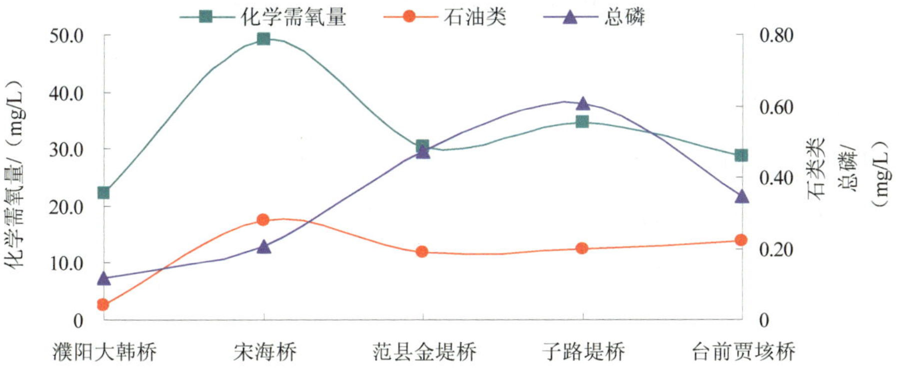

图 2.2-12 金堤河主要污染因子沿程变化

（4）长江流域

①断面水质类别评价

监控的20个断面中，Ⅰ～Ⅲ类水质断面20个，占100%；无Ⅳ类、Ⅴ类、劣Ⅴ类水质断面。

②主要超标因子评价

长江流域无因子出现超标情况。断面浓度年均值均符合Ⅰ～Ⅲ类标准。

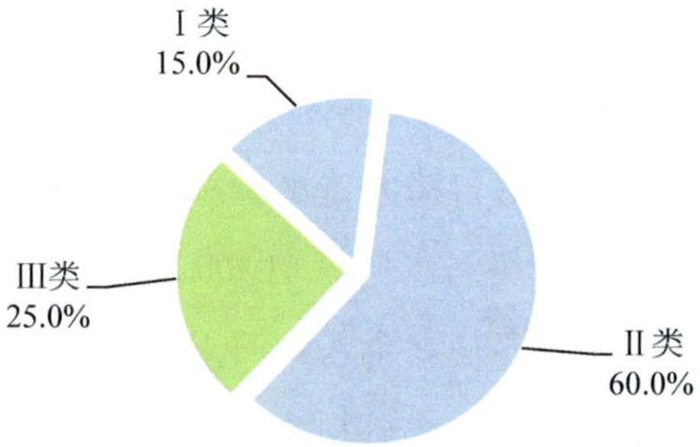

图 2.2-13 省辖长江流域河流断面水质比例

③河流污染程度评价

定性评价

监控的8条河流（同一水质级别按河流综合污染指数从低到高排列），丹江、淇河、蛇尾河、老灌河、丁河、湍河6条河流水质级别为优；白河、唐河2条河流水质级别为良好。

主要河流及沿程变化

白河：上游盆窑水质级别为优，出省境断面新甸铺水质级别为良好。

唐河：方城夏河、郭滩至出省境断面梅湾水质均为良好。

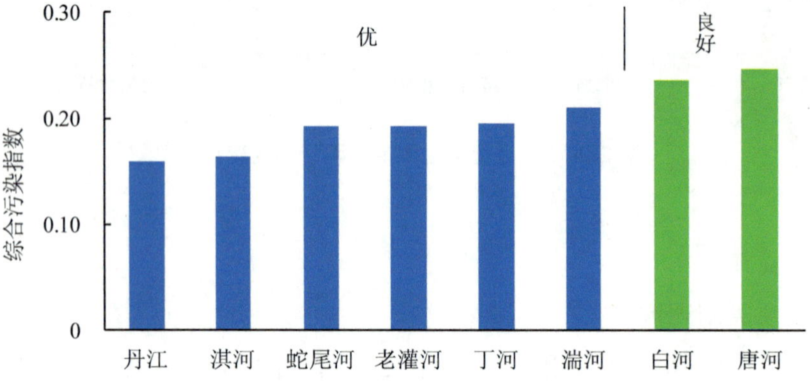

图 2.2-14 省辖长江流域河流污染程度

2.2.1.2 水库

（1）水质类别评价

24座省控水库中，Ⅰ～Ⅲ类水质水库22个，占91.7%；Ⅳ类水质水库1个，占

4.2%；无Ⅴ类水质水库；劣Ⅴ类水质水库1个，占4.2%。

监控的24座大中型水库中，千鹤湖水质符合Ⅰ类标准；尖岗水库、故县水库、陆浑水库、白龟山水库、昭平台水库、丹江口水库、鸭河口水库、鲇鱼山水库、泼河水库、南湾水库、板桥水库、薄山水库12座水库水质符合Ⅱ类标准；石漫滩水库、孤石滩水库、彰武水库、窄口水库、三门峡水库、石山口水库、五岳水库、宋家场水库、小浪底水库9座水库水质符合Ⅲ类标准；白沙水库水质符合Ⅳ类标准（总磷、氟化物为Ⅳ类，其他因子均符合Ⅲ类标准）；宿鸭湖水库水质劣Ⅴ类（高锰酸盐指数、化学需氧量为Ⅳ类，总磷为劣Ⅴ类外，其他因子均符合Ⅲ类标准）。

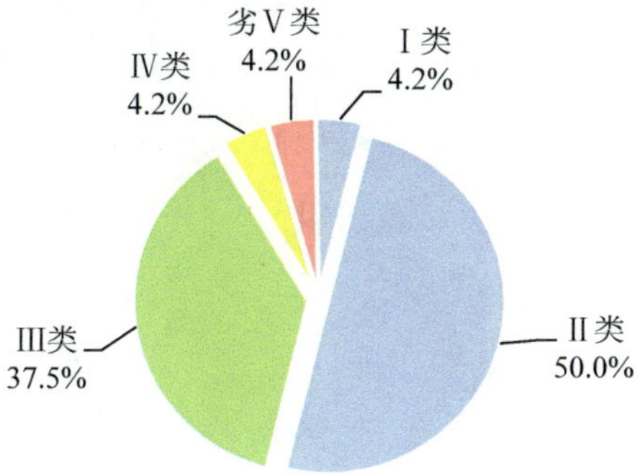

图 2.2-15 全省水库点位水质比例

总氮单独评价时，孤石滩水库、白龟山水库、昭平台水库、鲇鱼山水库、泼河水库、石山口水库、五岳水库符合Ⅲ类标准，窄口水库、鸭河口水库、丹江口水库、南湾水库、宋家场水库、板桥水库符合Ⅳ类标准，尖岗水库、白沙水库、石漫滩水库、薄山水库符合Ⅴ类标准，故县水库、陆浑水库、彰武水库、千鹤湖、三门峡水库、宿鸭湖水库、小浪底水库劣Ⅴ类。

丹江口水库陶岔取水口水质符合Ⅱ类标准，当总氮单独评价时符合Ⅳ类标准。

（2）富营养化评价

营养状态评价表明，全省水库总体为中营养状态。千鹤湖、鲇鱼山水库、丹江口水库、鸭河口水库、南湾水库、白龟山水库、板桥水库、昭平台水库、薄山水库、泼河水库、石山口水库、窄口水库、五岳水库、小浪底水库、宋家场水库、尖岗水库、故县水库、陆浑水库、彰武水库、孤石滩水库、白沙水库、石漫滩水库22座水库属中营养状态，三门峡水库属轻度富营养状态，宿鸭湖水库属中度富营养状态。

表 2.2-6 2018 年水库营养化状况评价结果

城市名称	水库名称	水质类别	总氮类别	营养状态指数	营养状态	主要污染指标（超标倍数）
郑州	尖岗水库	II	V	43.7	中营养	
	白沙水库	IV	V	48.7	中营养	氟化物（0.2）、总磷（0.04）
洛阳	故县水库	II	劣V	44.1	中营养	
	陆浑水库	II	劣V	44.7	中营养	
平顶山	石漫滩水库	III	V	49.4	中营养	
	孤石滩水库	III	III	47.7	中营养	
	白龟山水库	II	III	39.3	中营养	
	昭平台水库	II	III	40.6	中营养	
安阳	彰武水库	III	劣V	45.3	中营养	
鹤壁	千鹤湖	I	劣V	31.1	中营养	
三门峡	窄口水库	III	IV	42.3	中营养	
	三门峡水库	III	劣V	50.2	轻度富营养	
南阳	鸭河口水库	II	IV	35.2	中营养	
	丹江口水库	II	IV	33.6	中营养	
信阳	鲇鱼山水库	II	III	31.5	中营养	
	泼河水库	II	III	41.0	中营养	
	南湾水库	II	IV	39.2	中营养	
	石山口水库	III	III	41.7	中营养	
	五岳水库	III	III	43.1	中营养	
驻马店	宋家场水库	III	IV	43.6	中营养	
	板桥水库	II	IV	39.6	中营养	
	宿鸭湖水库	劣V	劣V	63.0	中度富营养	总磷（6.7）、化学需氧量（0.2）、高锰酸盐指数（0.1）
	薄山水库	II	V	40.7	中营养	
济源	小浪底水库	III	劣V	43.3	中营养	

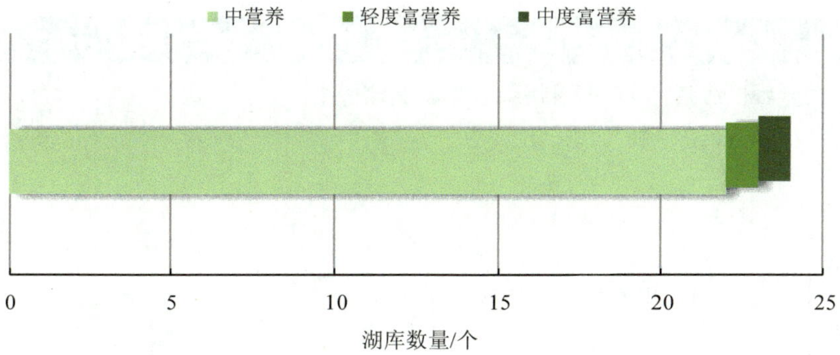

图 2.2-16　全省水库水质营养状态评价

（3）主要污染因子评价

全省水库 21 项评价因子（总氮单独评价）中有 4 项因子出现超标情况。

表 2.2-7　2018 年全省水库点位超标指标情况统计

指标	超标率/%	年均值范围/（mg/L）	年均值最高点位及超标倍数	
			年均值最高点位	超标倍数
总磷	8.3	0.006～0.385	宿鸭湖水库	6.7
化学需氧量	4.2	0.6～23.7	宿鸭湖水库	0.2
高锰酸盐指数	4.2	0.6～6.5	宿鸭湖水库	0.1
氟化物	4.2	0.08～1.21	白沙水库	0.2

2.2.2　对比分析

2.2.2.1　河流

与上年相比，2018 年全省地表水水质级别仍为轻度污染。海河流域水质由中度污染变为轻度污染，淮河流域、黄河流域水质仍为轻度污染，长江流域水质保持优。

表 2.2-8 2018 年与 2017 年水质变化情况比较

年度	淮河流域	海河流域	黄河流域	长江流域	全省
2018 年	轻度污染	轻度污染	轻度污染	优	轻度污染
2017 年	轻度污染	中度污染	轻度污染	优	轻度污染

图 2.2-17 2018 年与 2017 年省辖四大流域水质状况比较

与上年相比，水质符合Ⅰ～Ⅲ类标准的断面增加 4 个，增加 2.9 个百分点；符合Ⅳ类标准的断面增加 2 个，增加 1.4 个百分点；符合Ⅴ类标准增加 3 个，增加 2.1 个百分点；水质为劣Ⅴ类的断面减少 8 个，减少 5.7 个百分点；断流断面减少 1 个，减少 0.7 个百分点。

表 2.2-9 2018 年与 2017 年流域河段所属水质类别比例比较

水质类别	年度	淮河流域	海河流域	黄河流域	长江流域	全省
Ⅰ～Ⅲ	2018 年/%	51.7	35.0	65.8	100	60.4
	2017 年/%	55.0	35.0	53.6	95.0	57.5
	与 2017 年比较/百分点	−3.3	0	12.2	5.0	2.9
Ⅳ	2018 年/%	40.0	25.0	19.5	0	26.2
	2017 年/%	33.3	15.0	26.8	5.0	24.8
	与 2017 年比较/百分点	6.7	10.0	−7.3	−5.0	1.4

水质类别	年度	淮河流域	海河流域	黄河流域	长江流域	全省
V	2018 年/%	6.7	40.0	4.9	0	9.9
	2017 年/%	5.0	25.0	7.3	0	7.8
	与 2017 年比较/百分点	1.7	15.0	−2.4	0.0	2.1
劣V	2018 年/%	1.6	0	9.8	0	3.5
	2017 年/%	6.7	25.0	9.8	0	9.2
	与 2017 年比较/百分点	−5.1	−25.0	0	0	−5.7
断流	2018 年/%	0	0	0	0	0
	2017 年/%	0	0	2.4	0	0.7
	与 2017 年比较/百分点	0	0	−2.4	0	−0.7

与上年相比，全省河流主要污染因子化学需氧量浓度无明显变化，总磷浓度有所下降，五日生化需氧量浓度明显下降。

表 2.2-10　2018 年与 2017 年主要污染因子浓度年均值比较

年度	化学需氧量		总磷		五日生化需氧量	
	年均值/（mg/L）	类别	年均值/（mg/L）	类别	年均值/（mg/L）	类别
2018 年	16.9	III	0.117	III	2.4	I
2017 年	18.3	III	0.140	III	3.1	III
与 2017 年比较/%	−7.7	—	−16.4	—	−22.6	—

（1）淮河流域

①断面水质类别评价

与上年相比，监测的 60 个断面中，Ⅰ～Ⅲ类水质断面减少 2 个，减少 3.3 个百分点；Ⅳ类水质断面增加 4 个，增加 6.7 个百分点；Ⅴ类水质断面增加 1 个，增加 1.7 个百分点；劣Ⅴ类水质断面减少 3 个，减少 5.1 个百分点。

②河流污染程度评价

与上年相比，淮河流域水质级别仍为轻度污染。

21 条河流水质无明显变化：史河、臻头河、沙河、北汝河、澧河水质级别保持优，淮河干流、浉河、竹竿河、潢河、史灌河、灌河、滚河、汝河、涡河水质级别仍为良好，洪河、泉河、黑茨河、大沙河、浍河、沱河水质级别仍为轻度污染，惠济河水质级别仍为重度污染；4条河流水质好转：清漠河、贾鲁河水质级别由轻度污染变为良好；包河水质级别由中度污染变为轻度污染；双洎河水质级别由重度污染变为轻度污染；4条河流水质变差：白露河、颍河、汾河水质级别由良好变为轻度污染；黑河水质级别由轻度污染变为中度污染。

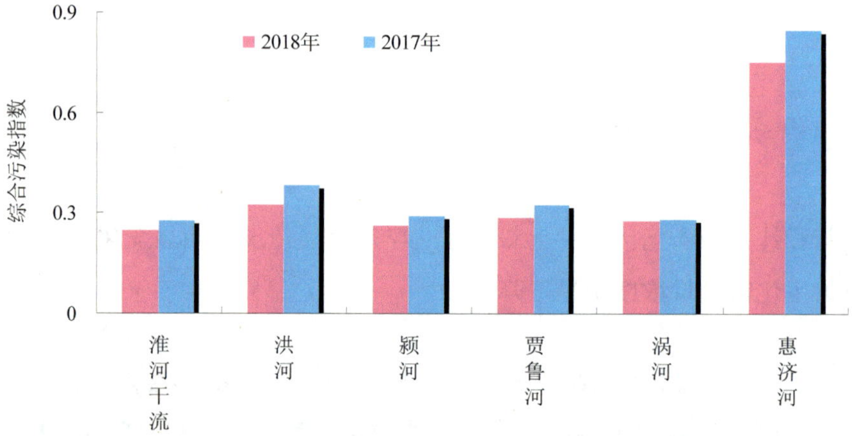

图 2.2-18　省辖淮河流域主要河流污染程度比较

表 2.2-11　2018 年与 2017 年省辖淮河流域水质比较

河流名称	河流水质级别		河流名称	河流水质级别	
	2018 年	2017 年		2018 年	2017 年
淮河干流	良好	良好	澧河	优	优
浉河	良好	良好	清漠河	良好	轻度污染
竹竿河	良好	良好	贾鲁河	良好	轻度污染
潢河	良好	良好	双洎河	轻度污染	重度污染
白露河	轻度污染	良好	黑河	中度污染	轻度污染
史灌河	良好	良好	汾河	轻度污染	良好
史河	优	优	泉河	轻度污染	轻度污染
灌河	良好	良好	黑茨河	轻度污染	轻度污染
滚河	良好	良好	涡河	良好	良好

河流名称	河流水质级别		河流名称	河流水质级别	
	2018 年	2017 年		2018 年	2017 年
洪河	轻度污染	轻度污染	惠济河	重度污染	重度污染
汝河	良好	良好	大沙河	轻度污染	轻度污染
臻头河	优	优	浍河	轻度污染	轻度污染
颍河	轻度污染	良好	包河	轻度污染	中度污染
沙河	优	优	沱河	轻度污染	轻度污染
北汝河	优	优	—	—	—

③主要污染因子评价

与上年相比，主要污染因子化学需氧量、总磷浓度无明显变化，五日生化需氧量浓度有所下降。

表 2.2-12 2018 年与 2017 年省辖淮河流域主要污染因子浓度年均值比较

年度	化学需氧量		总磷		五日生化需氧量	
	年均值/（mg/L）	类别	年均值/（mg/L）	类别	年均值/（mg/L）	类别
2018 年	18.4	III	0.13	III	2.8	I
2017 年	19.9	III	0.14	III	3.4	III
与 2017 年比较/%	−7.5	—	−7.1	—	−17.6	—

（2）海河流域

① 断面水质类别评价

与上年相比，监测的 20 个断面中，Ⅰ～III类水质断面持平；Ⅳ类水质断面增加 2 个，增加 10.0 个百分点；Ⅴ类水质断面增加 3 个，增加 15.0 个百分点；劣Ⅴ类水质断面减少 5 个，减少 25.0 个百分点。

②河流污染程度评价

与上年相比，海河流域水质级别由中度污染变为轻度污染。

4 条河流水质无明显变化：淇河、露水河、淅河水质级别保持优，大沙河水质级别仍为轻度污染；4 条河流水质好转：马颊河水质级别由轻度污染变为良好，汤河水质级别由中度污染变为轻度污染；卫河水质级别由重度污染变为轻度污染；共产主义渠水质级别由重度污染变为中度污染；2 条河流水质变差：人民胜利渠水质级别由优变为良好，安阳河水质级别由优变为轻度污染。

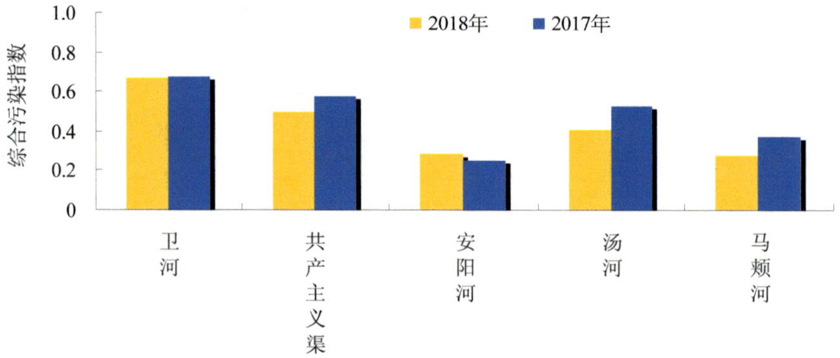

图 2.2-19　2018 年与 2017 年省辖海河流域主要河流污染程度比较

表 2.2-13　2018 年与 2017 年省辖海河流域水质比较

河流名称	河流水质级别		河流名称	河流水质级别	
	2018 年	2017 年		2018 年	2017 年
大沙河	轻度污染	轻度污染	露水河	优	优
卫河	轻度污染	重度污染	安阳河	轻度污染	优
共产主义渠	中度污染	重度污染	汤河	轻度污染	中度污染
人民胜利渠	良好	优	淅河	优	优
淇河	优	优	马颊河	良好	轻度污染

③主要污染因子评价

与上年相比，主要污染因子氨氮浓度明显下降，化学需氧量浓度有所下降，挥发酚浓度显著升高。

表 2.2-14　2018 年与 2017 年省辖海河流域主要污染因子浓度年均值比较

年度	化学需氧量		氨氮		挥发酚	
	年均值/（mg/L）	类别	年均值/（mg/L）	类别	年均值/（mg/L）	类别
2018 年	17.2	III	0.78	III	0.007 7	IV
2017 年	19.4	III	1.44	IV	0.002 5	III
与 2017 年比较/%	−11.3	—	−45.8	—	208.0	—

（3）黄河流域

①断面水质类别评价

与上年相比，监测的41个断面中，Ⅰ～Ⅲ类水质断面增加5个，增加12.2个百分点；Ⅳ类水质断面减少3个，减少7.3个百分点；Ⅴ类水质断面减少1个，减少2.4个百分点；劣Ⅴ类水质断面持平；断流断面减少1个，减少2.4个百分点。

②河流污染程度评价

与上年相比，黄河流域仍为轻度污染。

8条河流水质无明显变化：黄河干流、青龙涧河、洛河、伊河水质级别保持优，伊洛河仍为良好，涧河、天然渠仍为轻度污染，金堤河水质级别仍为重度污染；10条河流水质好转：宏农涧河、文峪河、沁河、丹河水质级别由良好变为优；枣香河水质级别由轻度污染变为优；天然文岩渠、黄庄河水质级别由轻度污染变为良好；蟒河水质级别由中度污染变为良好，西柳青河水质级别由中度污染变为轻度污染，阳平河水质级别由重度污染变为中度污染；2条河流水质变差：文岩渠水质级别由良好变为轻度污染，汜水河水质级别由中度污染变为重度污染。

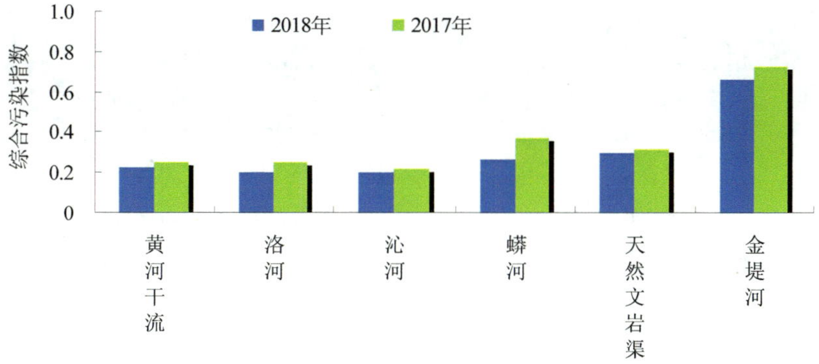

图2.2-20 省辖黄河流域主要河流污染程度比较

表2.2-15 2018年与2017年省辖黄河流域水质比较

河流名称	河流水质级别		河流名称	河流水质级别	
	2018年	2017年		2018年	2017年
黄河干流	优	优	伊河	优	优
宏农涧河	优	良好	沁河	优	良好

河流名称	河流水质级别		河流名称	河流水质级别	
	2018年	2017年		2018年	2017年
青龙涧河	优	优	丹河	优	良好
阳平河	中度污染	重度污染	蟒河	良好	中度污染
枣香河	优	轻度污染	天然文岩渠	良好	轻度污染
文峪河	优	良好	天然渠	轻度污染	轻度污染
涧河	轻度污染	轻度污染	文岩渠	轻度污染	良好
伊洛河	良好	良好	金堤河	重度污染	重度污染
汜水河	重度污染	中度污染	黄庄河	良好	轻度污染
洛河	优	优	西柳青河	轻度污染	中度污染

③主要污染因子评价

与上年相比，主要污染因子化学需氧量浓度无明显变化，石油类浓度有所下降，总磷浓度明显下降。

表2.2-16 2018年与2017年省辖黄河流域主要污染因子浓度年均值比较

年度	化学需氧量		总磷		石油类	
	年均值/（mg/L）	类别	年均值/（mg/L）	类别	年均值/（mg/L）	类别
2018年	16.5	III	0.115	III	0.040	I
2017年	17.7	III	0.153	III	0.048	I
与2017年比较/%	−6.8	—	−24.8	—	−16.7	—

（4）长江流域

①断面水质类别评价

与上年相比，监测的20个断面中，I～III类水质断面增加1个，增加5.0个百分点；IV类水质断面减少1个，减少5.0个百分点；V类、劣V类水质断面持平。

②河流污染程度评价

与上年相比，长江流域水质级别继续保持优。7条河流水质无明显变化：丹江、淇河、老灌河、丁河、蛇尾河水质级别保持优，白河、唐河水质级别保持良好，湍河水质好转，水质级别由良好变为优。

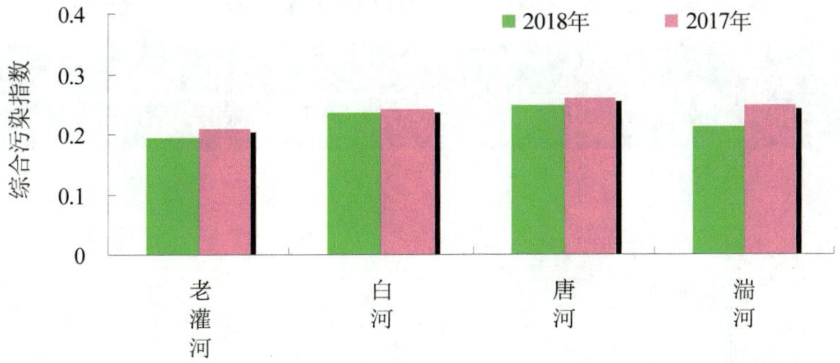

图 2.2-21 省辖长江流域主要河流污染程度比较

表 2.2-17 2018 年与 2017 年省辖长江流域水质比较

河流名称	河流水质级别		河流名称	河流水质级别	
	2018 年	2017 年		2018 年	2017 年
丹江	优	优	蛇尾河	优	优
淇河	优	优	白河	良好	良好
老灌河	优	优	唐河	良好	良好
丁河	优	优	湍河	优	良好

③主要污染因子评价

与上年相比，总磷浓度年均值仍保持Ⅱ类。

2.2.2.2 水库

与上年相比，水库水质基本稳定。4 座水库水质好转：千鹤湖水质由Ⅱ类变为Ⅰ类，尖岗水库、昭平台水库由Ⅲ类变为Ⅱ类，三门峡水库由Ⅳ类变为Ⅲ类，3 座水库水质变差：五岳水库、宋家场水库由Ⅱ类变为Ⅲ类，白沙水库由Ⅲ类变为Ⅳ类，其他 17 座水库水质无明显变化。

全省水库营养化水平基本稳定。彰武水库由轻度富营养变为中营养，千鹤湖由贫营养变为中营养，三门峡水库由中营养变为轻度富营养，其他湖库营养化状态保持不变。

表 2.2-18　2018 年与 2017 年水库营养化状况比较

城市名称	水库名称	类别		营养状态	
		2018 年	2017 年	2018 年	2017 年
郑州	尖岗水库	II	III	中营养	中营养
	白沙水库	IV	III	中营养	中营养
洛阳	故县水库	II	II	中营养	中营养
	陆浑水库	II	II	中营养	中营养
平顶山	石漫滩水库	III	III	中营养	中营养
	孤石滩水库	III	III	中营养	中营养
	白龟山水库	II	II	中营养	中营养
	昭平台水库	II	III	中营养	中营养
安阳	彰武水库	III	III	中营养	轻度富营养
鹤壁	千鹤湖	I	II	中营养	贫营养
三门峡	窄口水库	III	III	中营养	中营养
	三门峡水库	III	IV	轻度富营养	中营养
南阳	鸭河口水库	II	II	中营养	中营养
	丹江口水库	II	II	中营养	中营养
信阳	鲇鱼山水库	II	II	中营养	中营养
	泼河水库	II	II	中营养	中营养
	南湾水库	II	II	中营养	中营养
	石山口水库	III	III	中营养	中营养
	五岳水库	III	II	中营养	中营养
驻马店	宋家场水库	III	II	中营养	中营养
	板桥水库	II	II	中营养	中营养
	宿鸭湖水库	劣V	劣V	中度富营养	中度富营养
	薄山水库	II	II	中营养	中营养
济源	小浪底水库	III	III	中营养	中营养

2.2.3　原因分析

2018 年，河南省在科学制定、全面推进碧水保卫战各项任务的同时，狠抓水质目标管理、全力保障饮水安全、推进治污项目建设，水环境质量得到一定改善，呈现出持续向好的态势。原因分析如下：

2.2.3.1 坚持绿色发展，加强组织领导，攻坚措施科学有力

省委、省政府高度重视污染防治工作，把习近平生态文明思想和中央一系列重大决策部署作为各级各部门党委（党组）中心组学习的重要内容，持续深化认识，统一思想行动，增强攻坚动力。省委、省政府成立省委书记、省长“双组长”的省污染防治攻坚战领导小组，明确省委常委、常务副省长分管环保，并兼任领导小组办公室主任。建立党委政府主要领导负总责、分管领导统筹协调指导、责任单位主要领导具体负责的推进工作机制。坚持把污染防治作为向党中央看齐的政治自觉、向群众负责的价值取向、为未来着想的历史担当，积极发挥政府主导作用，充分调动各方力量，压实各方责任，绿色发展理念进一步深入人心，党政同责、一岗双责、失职追责在河南逐步落地生根，统筹协调、属地负责、行业管理的工作机制逐年完善，上下联动、齐抓共管、公众参与、合力攻坚的格局进一步形成。出台《全面加强生态环境保护坚决打好污染防治攻坚战的实施意见》《河南省污染防治攻坚战三年行动计划》，加严了水污染防治攻坚目标，明确污染防治攻坚的路线图、时间表、任务书。提出城市黑臭水体治理攻坚战役、水源地保护攻坚战役、全域清洁河流攻坚战役、农业农村污染治理四个标志性攻坚战役，并统筹其他各项水污染防治工作。

2.2.3.2 严格地表水河流断面水质监督管理

对2018年以来全省水质恶化的断面，上报省级河长，并分别致函当地市委书记、市长，提出督办要求，对水质严重恶化、工作严重滞后的地方进行现场督办，并要求各强化督导组强化督查、督办问效。实行水质预警、生态补偿制度，建立了水环境质量周分析例会制度，分析研判全省水质变化现状及发展趋势，梳理水质超标原因，研究解决办法，对症下药。印发《河南省地表水环境质量月排名暨奖惩暂行办法》，对全省18个省辖市、郑州航空港经济综合实验区及各县（市、区）的地表水环境质量进行了试排名，进一步强化地表水环境质量信息公开，层层传导压力，接受社会监督，督促各级党委、政府及有关部门采取切实有效的措施持续改善河流水质。密切关注各条河流水质变化情况，就全省部分水质超标严重且存在恶化趋势的河流断面，致函、致

信地方政府及主要负责同志，并赴现场进行督办。定期将淮河、卫河、唐白河、沙颍河、伊洛河等相关河流水质情况报告省级河长，提请省级河长督促地方落实水污染防治责任，改善相关河流水质，防范水环境风险。

2.2.3.3 推动形成部门合力，多措并举，改善水质

省攻坚办联合省河长办，共同分析水质超标原因，督促地方政府改善水质；省住房城乡建设厅制定农村人居环境整治三年行动实施方案和黑臭水体整治方案，强力推进农村环境整治、城镇黑臭水体治理和污水处理设施建设；省水利厅实施河流生态流量保障机制，努力保障河流枯水期闸坝不断流、汛期污染团不下泄；省畜牧局强力推动畜禽养殖废弃物资源化利用；省发改委、财政厅、农业厅、南水北调办等各部门都在各自领域开展了一系列改善水环境质量的工作，初步形成了水污染防治合力。在治标方面，及时采取控源、截污等措施，补充生态流量，组织开展清河行动，加强日常巡查排查。在治本方面，加快推进基础设施建设，强化畜禽养殖业污染整治，全面推动落实河长制，严格非法采沙治理。

2.2.3.4 坚持信息公开，强化社会共治，营造全民参与打好污染防治攻坚战良好氛围

组织百场宣讲活动。贯彻省委书记王国生提出的“让习近平生态文明思想在中原大地落地生根、开花结果”的要求，策划组织了全省学习贯彻习近平生态文明思想百场宣讲活动，在省、市、县三级组织党政领导干部参加的宣讲报告会共 127 场，受众群体达 72 000 余人，提升了全省广大干部群众的生态文明观念和绿色发展理念。

坚持每月新闻发布。解读重大政策，通报市县区环境质量排名、按月生态补偿情况、攻坚战重点工作推进情况等，保障公众环境知情权。强化新闻宣传，围绕环境攻坚重点任务，持续组织新闻采访，坚持抓正反典型，有效传递责任压力。开展了每日舆情监测，强化“河南环境”双微新媒体平台建设和宣传引导作用的发挥，展示各级攻坚成效，凝聚攻坚强大合力。

注重社会宣传。组织了“六五”环境日大型广场宣传纪念活动、开展了第二届“河南最美环保人物”宣传推介和环保书画摄影大赛、组织四类环保设施向公众开放、持续开展绿色系列创建活动、拓展环境教育培训等，致力于从不同的层面提高社会公众环境意识，为打好污染防治攻坚战营造了浓厚的社会舆论氛围。

2.3 城市地下水质量

2.3.1 现状评价

2.3.1.1 单因子评价

（1）有机类

耗氧量浓度年均值范围为 0.25～7.10 mg/L。82.7%的井位年均值达到Ⅰ类标准，15.4%的井位年均值达到Ⅱ类标准，1.0%的井位年均值达到Ⅲ类标准，1.0%的井位年均值达到Ⅳ类标准。

挥发酚浓度年均值范围为 0.000 15～0.000 40 mg/L。各井位的年均值均达到Ⅰ类标准。

（2）非金属无机类

氯化物浓度年均值范围为 7.5～260.0 mg/L。53.8%的井位年均值达到Ⅰ类标准，37.5%的井位年均值达到Ⅱ类标准，6.7%的井位年均值达到Ⅲ类标准，1.9%的井位年均值达到Ⅳ类标准，Ⅳ类井出现在濮阳。

硫酸盐浓度年均值范围为 10.2～324.0 mg/L。24.0%的井位年均值达到Ⅰ类标准，64.4%的井位年均值达到Ⅱ类标准，8.7%的井位年均值达到Ⅲ类标准，2.9%的井位年均值达到Ⅳ类标准，Ⅳ类井出现在新乡、焦作。

氨氮浓度年均值范围为 0.011 3～0.825 0 mg/L。41.3%的井位年均值达到Ⅰ类标准，41.3%的井位年均值达到Ⅱ类标准，15.4%的井位年均值达到Ⅲ类标准，1.9%的井位年均值达到Ⅳ类标准，Ⅳ类井出现在濮阳、信阳。

硝酸盐浓度年均值范围为 0.025～24.100 mg/L。46.2%的井位年均值达到Ⅰ类标准，23.1%的井位年均值达到Ⅱ类标准，29.8%的井位年均值达到Ⅲ类标准，1.0%的井位年均值达到Ⅳ类标准，Ⅳ类井出现在洛阳。

亚硝酸盐浓度年均值范围为 0.001 5～0.053 8 mg/L。92.3%的井位年均值达到Ⅰ类标准，7.7%的井位年均值达到Ⅱ类标准。

氰化物浓度年均值范围为 0.001～0.002 mg/L。9.6%的井位年均值达到Ⅰ类标准，

90.4%的井位年均值达到Ⅱ类标准。

氟化物浓度年均值范围为 0.007～2.230 mg/L。90.4%的井位年均值达到Ⅰ类标准，8.7%的井位年均值达到Ⅳ类标准，Ⅳ类井出现在开封、商丘，1.0%的井位年均值为Ⅴ类标准，Ⅴ类井出现在开封。

砷浓度年均值范围为 0.000 150～0.011 800 mg/L。72.1%的井位年均值达到Ⅰ类标准，26.9%的井位年均值达到Ⅲ类标准，1.0%的井位年均值达到Ⅳ类标准，Ⅳ类井出现在新乡。

（3）金属类

总硬度浓度年均值范围为 36.0～787.5 mg/L。15.4%的井位年均值达到Ⅰ类标准，25.0%的井位年均值达到Ⅱ类标准，46.2%的井位年均值达到Ⅲ类标准，12.5%的井位年均值达到Ⅳ类标准，Ⅳ类井出现在开封、洛阳、平顶山、安阳、新乡、焦作、濮阳、信阳、济源，1.0%的井位年均值为Ⅴ类标准，Ⅴ类井出现在濮阳。

锰浓度年均值范围为 0.000 1～1.915 0 mg/L。83.7%的井位年均值达到Ⅰ类标准，9.6%的井位年均值达到Ⅲ类标准，5.8%的井位年均值达到Ⅳ类标准，Ⅳ类井出现在濮阳、信阳，1.0%的井位年均值为Ⅴ类标准，Ⅴ类井出现在信阳。

铁浓度年均值范围为 0.000 4～0.542 5 mg/L。90.4%的井位年均值达到Ⅰ类标准，6.7%的井位年均值达到Ⅱ类标准，1.9%的井位年均值达到Ⅲ类标准，1.0%的井位年均值达到Ⅳ类标准，Ⅳ类井出现在信阳。

铅浓度年均值范围为 0.000 05～0.003 55 mg/L。各井位的年均值均达到Ⅰ类标准。

镉浓度年均值范围为 0.000 03～0.000 77 mg/L。70.2%的井位年均值达到Ⅰ类标准，29.8%的井位年均值达到Ⅱ类标准。

汞浓度年均值范围为 0.000 005～0.000 055 mg/L。各井位的年均值均达到Ⅰ类标准。

铬（六价）浓度年均值范围为 0.002～0.018 mg/L。96.2%的井位年均值达到Ⅰ类标准，2.9%的井位年均值达到Ⅱ类标准，1.0%的井位年均值达到Ⅲ类标准。

（4）其他

感官性较好，pH 范围为 6.48～8.47。

溶解性总固体浓度年均值范围为 220～1 120 mg/L。4.8%的井位年均值达到Ⅰ类标准，38.5%的井位年均值达到Ⅱ类标准，54.8%的井位年均值达到Ⅲ类标准，1.9%的井位年均值达到Ⅳ类标准，Ⅳ类井出现在开封、安阳。

总大肠菌群浓度年均值范围为1.0～569.2个/L。90.4%的井位年均值达到Ⅰ类标准，7.7%的井位年均值达到Ⅳ类标准，Ⅳ类井出现在平顶山、安阳，1.9%的井位年均值为Ⅴ类标准，Ⅴ类井出现在信阳。

2.3.1.2 综合评价

（1）按井位评价

2018年，全省104个监控井位中水质级别为优的井位占14.4%，为良好的井位占54.8%，为较差的井位占30.8%。

郑州、鹤壁、许昌、漯河、三门峡、南阳、周口、驻马店8市水质级别为优、良好的井位达到100%；焦作、济源、洛阳3市水质级别为优、良好的井位超过80.0%，平顶山水质级别为优、良好的井位超过70.0%；安阳、新乡、开封、信阳、濮阳水质级别为较差和极差的井位比例分别为42.9%、50.0%、66.7%、80.0%、85.7%；商丘水质级别为较差和极差的井位比例均为100%。

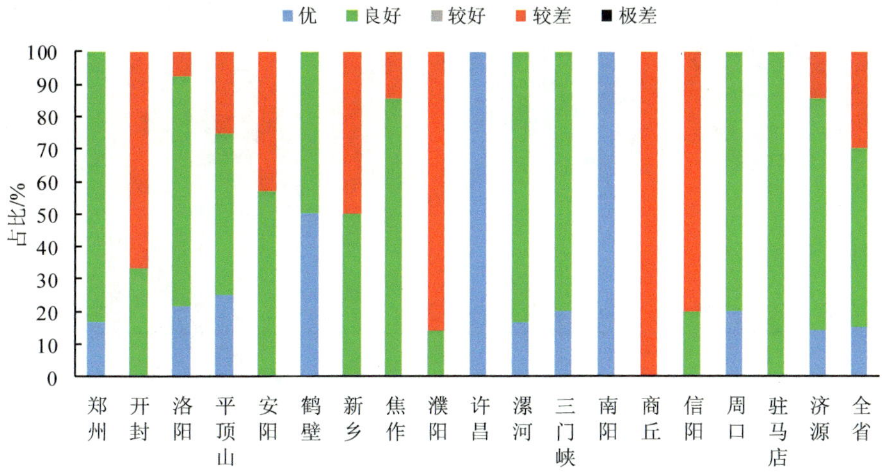

图2.3-1 2018年城市地下水单井水质

（2）城市综合定性评价

2018年，全省城市地下水质量为良好。南阳、鹤壁、许昌、周口4市地下水水质级别为优，漯河、三门峡、驻马店、郑州、平顶山、焦作、济源、洛阳、安阳、新乡

10市地下水水质级别为良好，开封、濮阳、信阳、商丘4市地下水水质级别为较差，其中开封除氟化物为Ⅳ类外，其他因子都符合Ⅲ类标准；濮阳除锰为Ⅳ类外，其他因子都符合Ⅲ类标准；商丘除氟化物为Ⅳ类外，其他因子都符合Ⅲ类标准；信阳除总大肠菌群数为Ⅳ类、锰为Ⅳ类外，其他因子都符合Ⅲ类标准。

表2.3-1　2018年城市地下水水质定性评价结果

城市名称	*F* 值	级别	总大肠菌群	城市名称	*F* 值	级别	总大肠菌群
郑州	2.16	良好	Ⅰ	许昌	0.72	优	Ⅰ
开封	4.30	较差	Ⅰ	漯河	2.14	良好	Ⅰ
洛阳	2.18	良好	Ⅰ	三门峡	2.14	良好	Ⅰ
平顶山	2.16	良好	Ⅳ	南阳	0.71	优	Ⅰ
安阳	2.18	良好	Ⅳ	商丘	4.33	较差	Ⅰ
鹤壁	0.72	优	Ⅰ	信阳	4.30	较差	Ⅳ
新乡	2.21	良好	Ⅰ	周口	0.74	优	Ⅰ
焦作	2.16	良好	Ⅰ	驻马店	2.14	良好	Ⅰ
濮阳	4.30	较差	Ⅰ	济源	2.16	良好	Ⅰ
全省	2.32	良好	Ⅰ				

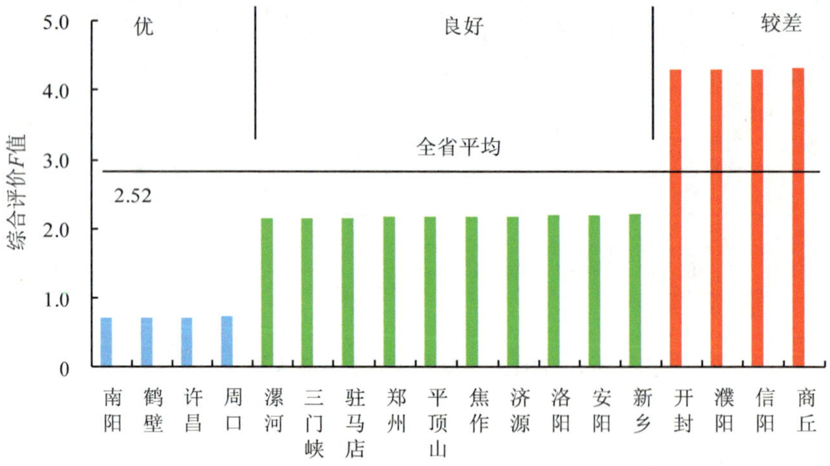

图2.3-2　2018年城市地下水环境质量综合评价 *F* 分值排序

2.3.1.3 污染特征

全省城市地下水的首要污染物为总硬度，其次是总大肠菌群。总大肠菌群污染较重，污染负荷占 13.4%，其中，中、深层水中总大肠菌群含量较高，平均为 14.53 个/L，且超地下水Ⅲ类标准比率为 7.5%；浅层水总大肠菌群含量平均为 3.92 个/L，超地下水Ⅲ类标准比率为 11.8%；氟化物超标现象主要出现在开封、商丘等市，这些地区的地质和环境水文地质条件属于原生性高含量地带。

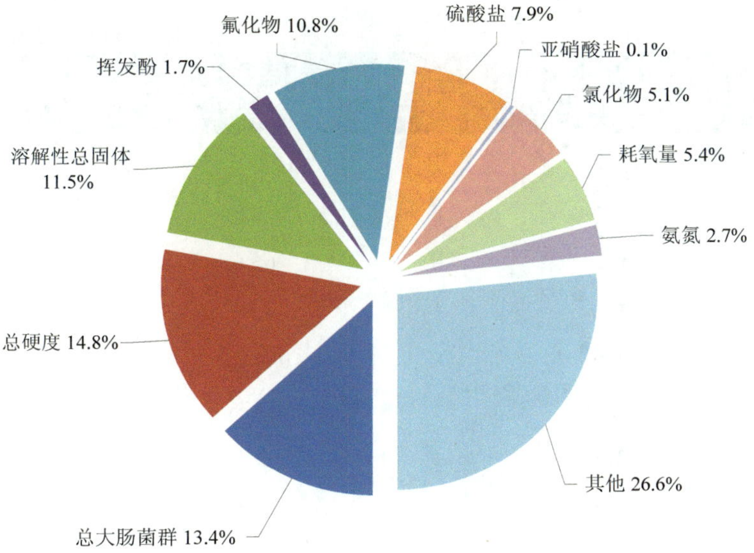

图 2.3-3 2018 年城市地下水主要污染因子污染负荷分布

平顶山、安阳、信阳 3 市地下水中的总大肠菌群污染程度仍保持在Ⅳ类；开封市地下水中氟化物污染程度仍保持在Ⅳ类、濮阳市地下水中锰污染程度仍保持在Ⅳ类、商丘市地下水中氟化物污染程度仍保持在Ⅳ类和信阳市地下水中锰污染程度仍保持在Ⅳ类。其他因子基本稳定在Ⅲ类标准之内。

表 2.3-2 总大肠菌群指标空间分布情况

井深分类	超标井数/个	总井数/个	超标率/%	平均浓度/（个/L）
浅层水	6	51	11.8	3.92
中、深层水	4	53	7.5	14.53

2.3.2 对比分析

2.3.2.1 单项因子类别对比

与上年相比，2018年全省城市地下水质量基本稳定，各评价因子的年均值水质类别除硝酸盐、砷变好外，其他均无变化。

表2.3-3 2018年与2017年城市地下水部分评价因子年均浓度值比较

单位：mg/L（总大肠菌群：个/L）

项目	2018年	水质类别	2017年	水质类别	水质类别变化情况
总硬度	323.1	III	334.5	III	无
硫酸盐	96.1	II	99.6	II	无
氯化物	62.7	II	66.4	II	无
耗氧量	0.79	I	0.86	I	无
氨氮	0.066 2	II	0.069 2	II	无
氟化物	0.526	I	0.478	I	无
总大肠菌群	2.0	I	2.5	I	无
亚硝酸盐	0.004 5	I	0.005 2	I	无
硝酸盐	4.614	II	5.071	III	变好
挥发酚	0.000 17	I	0.000 19	I	无
氰化物	0.002	II	0.002	II	无
砷	0.000 936	I	0.001 105	III	变好
汞	0.000 025	I	0.000 022	I	无
铬（六价）	0.002	I	0.003	I	无
铅	0.000 66	I	0.001 80	I	无
镉	0.000 12	II	0.000 30	II	无
铁	0.032 2	I	0.034 7	I	无
锰	0.064 8	III	0.079 1	III	无
溶解性总固体	563	III	565	III	无

2.3.2.2 井位级别对比

与上年相比，全省地下水优、良好井位比例减少 0.9 个百分点。洛阳、周口、平顶山、安阳地下水优、良好井位分别增加 39.6、20、12.5、1.5 个百分点；许昌、新乡、开封、濮阳、济源地下水优、良好井位分别减少 100、37.5、26.7、23.2、14.3 个百分点。

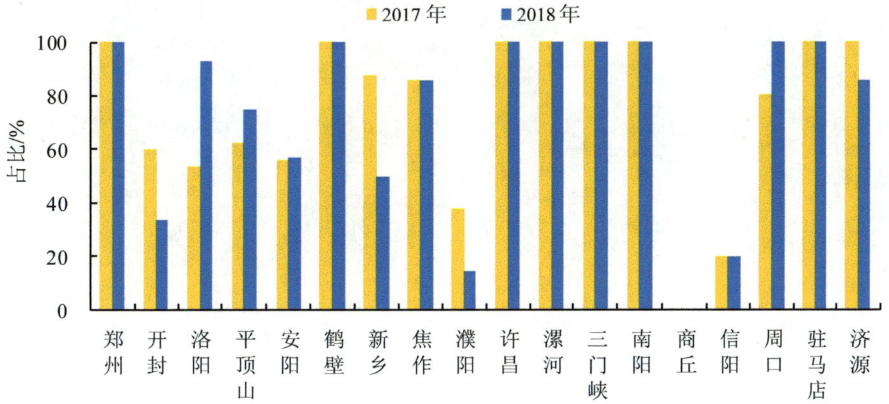

图 2.3-4 2017 年与 2018 年城市地下水水质优、良好井位比例比较

表 2.3-4 2018 年与 2017 年城市地下水水质优、良好井位比例比较

城市名称	2018 年		2017 年		变化/百分点
	总井数/个	优、良好井位比例/%	总井数/个	优、良好井位比例/%	
郑州	6	100	6	100	0
开封	9	33.3	10	60.0	−26.7
洛阳	14	92.9	15	53.3	39.6
平顶山	4	75.0	8	62.5	12.5
安阳	7	57.1	9	55.6	1.5
鹤壁	2	100	2	100	0
新乡	8	50.0	8	87.5	−37.5
焦作	7	85.7	7	85.7	0
濮阳	7	14.3	8	37.5	−23.2
许昌	1	100	2	100	0
漯河	6	100	7	100	0

城市名称	2018 年		2017 年		变化/百分点
	总井数/个	优、良好井位比例/%	总井数/个	优、良好井位比例/%	
三门峡	5	100	5	100	0
南阳	5	100	5	100	0
商丘	4	0.0	5	0.0	0
信阳	5	20.0	5	20.0	0
周口	5	100	5	80.0	20.0
驻马店	2	100	2	100	0
济源	7	85.7	8	100	−14.3
全省	104	70.2	117	70.1	0.1

2.3.2.3 城市水质级别对比

与上年相比，2018 年全省城市地下水水质变好，水质级别由较好变为良好。安阳由较差变为良好，鹤壁、周口由良好变为优，漯河由优变为良好，其他 14 个省辖市地下水水质均无变化。

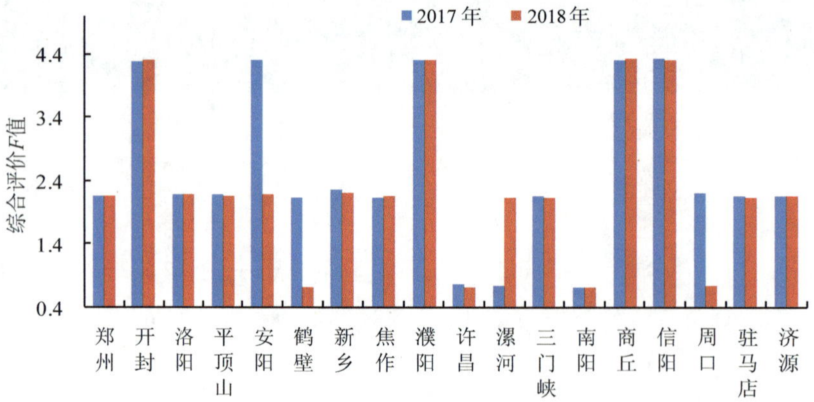

图 2.3-5 2018 年与 2017 年城市地下水水质综合评价比较

表 2.3-5 2018 年与 2017 年城市地下水水质综合评价比较

城市名称	2018 年		2017 年		与 2017 年相比	
	F 值	级别	*F* 值	级别	增值	幅度/%
郑州	2.16	良好	2.15	良好	0.01	0.5
开封	4.30	较差	4.29	较差	0.01	0. 2
洛阳	2.18	良好	2.18	良好	0	0
平顶山	2.16	良好	2.18	良好	−0.02	−1
安阳	2.18	良好	4.30	较差	−2.12	−49
鹤壁	0.72	优	2.13	良好	−1.41	−66
新乡	2.21	良好	2.25	良好	−0.04	−2
焦作	2.16	良好	2.14	良好	0.02	1
濮阳	4.30	较差	4.31	较差	−0.01	−0.2
许昌	0.72	优	0.77	优	−0.05	−6
漯河	2.14	良好	0.75	优	1.39	185
三门峡	2.14	良好	2.16	良好	−0.02	−1
南阳	0.71	优	0.72	优	−0.01	−1
商丘	4.33	较差	4.30	较差	0.03	1
信阳	4.30	较差	4.34	较差	−0.04	−1
周口	0.74	优	2.21	良好	−1.47	−67
驻马店	2.14	良好	2.17	良好	−0.03	−1
济源	2.16	良好	2.15	良好	0.01	0. 5
全省	2.32	良好	2.53	较好	−0.01	−0. 4

2.3.3 原因分析

全省 18 个省辖市中，开封、濮阳、信阳、商丘 4 市地下水水质级别为较差，主要是因为开封氟化物为Ⅳ类，濮阳锰为Ⅳ类，商丘氟化物为Ⅳ类，信阳锰为Ⅳ类，上述达Ⅳ类的因子均为地质原因导致。

开封、商丘 2 市的地貌特征主要为黄河冲积平原，由于黄河冲积层掩埋了黄泛前的洼地、盐碱地而形成了目前看似平坦的平原地貌。在被掩埋的洼地里，由于富含碳酸氢钠的盐碱土被埋于地下，促使地下水碱化程度增强，形成强碱化水化学环境。地下水中的氟化物主要来源是岩石与土层中，流域内岩石、土层中氟化物质量比，较地下水中的氟质量浓度高出许多甚至几个数量级，而掩埋型洼地又适于水中氟富集，因此，在岩石风化过程中，部分氟化物被地下水所溶解，导致氟化物质量浓度增高，最终形成这两个地区的高氟地下水分布，造成氟化物超标。

地下水中的锰来源通常是由于岩石和矿物中锰的氧化物、硫化物、碳酸盐、硅酸盐等溶解于水所致。在缺氧的还原环境中，能被还原为二价锰而溶解于含碳酸盐的水中。此外，在富含有机物的水中，还可能存在有机锰。濮阳、信阳 2 市地下水中锰的超标，除与当地地貌特征有关外，还与地下水含水介质与其上覆岩土成分、地下水的径流条件、矿化度及其有机质含量等有关。

2.4 集中式饮用水源地水质

2.4.1 现状评价

2.4.1.1 地表水源地

（1）省辖市

①单项因子评价

有机类

高锰酸盐指数浓度年均值范围为 0.65～4.35 mg/L。40%的水源地年均值达到 I 类标准，53.3%的水源地年均值达到 II 类标准，6.7%的水源地年均值达到III类标准。

挥发酚浓度年均值范围为 0.000 2～0.000 8 mg/L；石油类浓度年均值范围为 0.005～0.025 mg/L。水源地年均值均达到 I 类标准。

五日生化需氧量浓度年均值范围为 0.25～3.32 mg/L。93.3%的水源地年均值达到 I 类标准，6.7%的水源地年均值达到III类标准。

非金属无机类

氨氮浓度年均值范围为 0.018～0.175 mg/L。93.3%的水源地年均值达到 I 类标准，6.7%的水源地年均值达到 II 类标准。

总磷浓度年均值范围为 0.006～0.039 mg/L。33.3%的水源地年均值达到 I 类标准，

66.7%的水源地年均值达到Ⅱ类标准。

硝酸盐浓度年均值范围为 0.15～2.54 mg/L；氯化物浓度年均值范围为 1.7～135.4 mg/L；硫酸盐浓度年均值范围为 7.8～201.5 mg/L。水源地年均值均低于标准限值。

氰化物浓度年均值范围为 0.002～0.002 mg/L；硫化物浓度年均值范围为 0.003～0.014 mg/L；氟化物浓度年均值范围为 0.06～0.72 mg/L；砷浓度年均值范围为 0.000 15～0.002 27 mg/L。水源地年均值均达到Ⅰ类标准。

金属类

汞浓度年均值范围为 0.000 02～0.000 03 mg/L；硒浓度年均值范围为 0.000 20～0.000 23 mg/L；铬（六价）浓度年均值范围为 0.002～0.004 mg/L；锌浓度年均值范围为 0.001 2～0.033 9 mg/L；铅浓度年均值范围为 0.000 04～0.001 9 mg/L；镉浓度年均值范围为 0.000 02～0.000 3 mg/L。水源地年均值均达到Ⅰ类标准。

铜浓度年均值范围为 0.000 5～0.020 0 mg/L。全省 80%的水源地年均值达到Ⅰ类标准，20.0%的水源地年均值达到Ⅱ类标准。

铁浓度年均值范围为 0.002～0.051 mg/L；锰浓度年均值范围为 0.000 3～0.014 2 mg/L。水源地年均值均低于标准限值。

其他

pH 范围为 7.4～8.4。

粪大肠菌群浓度年均值范围为 6～955 个/L。73.3%的水源地年均值达到Ⅰ类标准，26.7%的水源地年均值达到Ⅱ类标准。

阴离子表面活性剂浓度年均值范围为 0.025～0.075 mg/L。水源地年均值均达到Ⅰ类标准。

表 2.4-1 2018 年省辖市地表饮用水源地主要因子评价类别分布统计

单位：%

项目	高锰酸盐指数	总磷	粪大肠菌群	氨氮	石油类	铜	镉	铬（六价）
Ⅰ类	40.0	33.3	73.3	93.3	100	80.0	100	100
Ⅱ类	53.3	66.7	26.7	6.7	0	20.0	0	0
Ⅲ类	6.7	0	0	0	0	0	0	0

②特定项目

2018年7月，省辖市15个地表饮用水源地特定项目监测共1 200项次，根据《地表水环境质量标准》(GB 3838—2002）表3中80项特定项目的标准限值进行评价，监测浓度值均低于标准限值。未检出的项次占95.3%；检出的项次占4.7%。其中，钡检出率最高，为75.0%，硼检出率为68.8%，其他项目检出率不足40%。

表2.4-2 2018年地表饮用水源地水质特定项目监测检出情况

序号	项目名称	监测水源地数/个	检出水源地数/个	检出率/%
1	钡	16	12	75.0
2	硼	16	11	68.8
3	锑	16	6	37.5
4	镍	16	5	31.3
5	钒	16	5	31.3
6	钼	16	4	25.0
7	钴	16	3	18.8
8	钛	15	2	13.3
9	苦味酸	16	2	12.5
10	敌百虫	16	1	6.3
11	邻苯二甲酸二丁酯	16	1	6.3
12	三氯甲烷	16	1	6.3
13	四氯化碳	16	1	6.3
14	二氯甲烷	16	1	6.3
15	苯	16	1	6.3
16	甲苯	16	1	6.3
17	甲醛	16	1	6.3
18	六氯丁二烯	16	1	6.3
19	三氯乙醛	16	1	6.3

③综合评价

达标水源地评价

2018年，省辖市15个地表水饮用水源地的各评价因子浓度年均值均达到III类标准，水源地水质浓度年均值均达标。其中，鹤壁黄花营、郑州柿园水厂、许昌周庄水厂 3 个地表饮用水源地水质达到Ⅰ类标准，占 20%；濮阳西水坡调节池、三门峡朱乙河水库、安阳第八水厂、驻马店板桥水库、安阳岳城水库五水厂、信阳南湾水库、漯河澧河三里桥、平顶山白龟山水库、开封柳池、新乡七里营、郑州黄河水源厂 11 个地表饮用水源地水质达到Ⅱ类标准，占 73.3%；商丘第四水厂水质达到Ⅲ类标准，占 6.7%。

取水水质达标率评价

省辖市地表水饮用水源地取水水质达标率为 100%。

水质定性评价

2018 年，省辖市地表水饮用水源地年均值评价水质级别为优。12 个水源地水质级别为优，占 80%；3 个水源地水质级别为良好，占 20%。

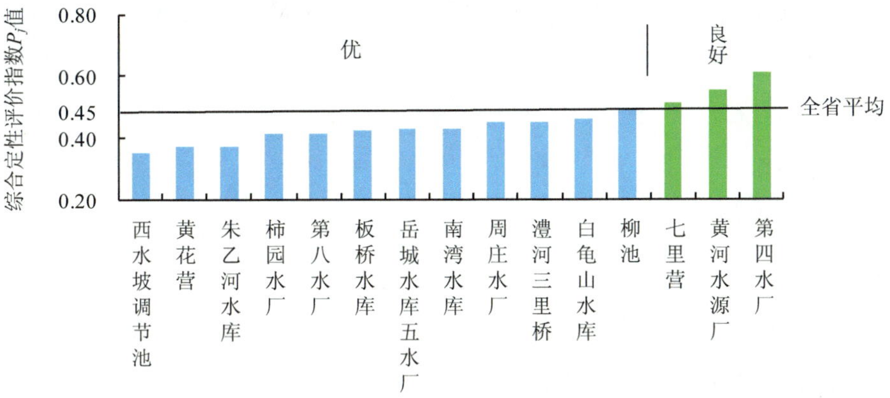

图 2.4-1　2018 年省辖市城市地表饮用水源地水质评价结果

表 2.4-3　2018 年省辖市地表水饮用水源地水质状况

城市名称	水源地名称	达标评价	取水达标率评价			水质定性评价	
		类别	总取水量/万 t	达标水量/万 t	取水达标率/%	P_j值	级别
郑州	黄河水源厂	Ⅱ	6 218.1	6 218.1	100	0.55	良好
	柿园水厂	Ⅰ	7 259.6	7 259.6	100	0.41	优
开封	柳池	Ⅱ	2 784.0	2 784.0	100	0.49	优
平顶山	白龟山水库	Ⅱ	4 847.2	4 847.2	100	0.46	优
安阳	岳城水库五水厂	Ⅱ	1 743.4	1 743.4	100	0.43	优
	第八水厂	Ⅱ	3 166.2	3 166.2	100	0.41	优

城市名称	水源地名称	达标评价	取水达标率评价			水质定性评价	
		类别	总取水量/万 t	达标水量/万 t	取水达标率/%	P_j 值	级别
鹤壁	黄花营	I	1 617.4	1 617.4	100	0.37	优
新乡	七里营	II	732.0	732.0	100	0.51	良好
濮阳	西水坡调节池	II	4 142.2	4 142.2	100	0.35	优
许昌	周庄水厂	I	1 800.0	1 800.0	100	0.45	优
漯河	澧河三里桥	II	1 380.0	1 380.0	100	0.45	优
三门峡	朱乙河水库	II	1 734.3	1 734.3	100	0.37	优
商丘	第四水厂	III	2 500.4	2 500.4	100	0.61	良好
信阳	南湾水库	II	4 642.7	4 642.7	100	0.43	优
驻马店	板桥水库	II	6 576.0	6 576.0	100	0.42	优
全省		II	51 143.5	51 143.5	100	0.45	优

（2）县级城市

①单项因子评价

有机类

高锰酸盐指数浓度年均值范围为 0.90～4.63 mg/L。34.2%的水源地年均值达到 I 类标准，63.4%的水源地年均值达到 II 类标准，2.4%的水源地年均值达到III类标准。

五日生化需氧量浓度年均值范围为 0.22～3.63 mg/L。78%的水源地年均值达到 I 类标准，22.0%的水源地年均值达到III类标准。

挥发酚浓度年均值范围为 0.000 2～0.001 4 mg/L；石油类浓度年均值范围为 0.005～0.035 mg/L。水源地年均值均达到 I 类标准。

非金属无机类

氨氮浓度年均值范围为 0.039～0.644 mg/L。53.7%的水源地年均值达到 I 类标准，39.0%的水源地年均值达到 II 类标准，7.3%的水源地年均值达到III类标准。

总磷浓度年均值范围为 0.005～0.094 mg/L。26.8%的水源地年均值达到 I 类标准，48.8%的水源地年均值达到 II 类标准，24.4%的水源地年均值达到III类标准。

硝酸盐浓度年均值范围为 0.04～4.16 mg/L；氯化物浓度年均值范围为 2.3～126.5 mg/L；硫酸盐浓度年均值范围为 8.4～223.0 mg/L。水源地年均值均低于标准限值。

氰化物浓度年均值范围为 0.001～0.002 mg/L；硫化物浓度年均值范围为 0.003～0.037 mg/L；砷浓度年均值范围为 0.000 15～0.003 50 mg/L。水源地年均值均达到Ⅰ类标准。

氟化物浓度年均值范围为 0.12～1.30 mg/L。97.6%的水源地年均值达到Ⅰ类标准，2.4%的水源地年均值达到Ⅳ类标准。

金属类

汞浓度年均值范围为 0.000 01～0.000 05 mg/L；硒浓度年均值范围为 0.000 20～0.003 35 mg/L；锌浓度年均值范围为 0.000 5～0.033 8 mg/L；铅浓度年均值范围为 0.000 4～0.005 0 mg/L。水源地年均值均达到Ⅰ类标准。

铬（六价）浓度年均值范围为 0.002～0.011 mg/L。97.6%的水源地年均值达到Ⅰ类标准，2.4%的水源地年均值达到Ⅱ类标准。

镉浓度年均值范围为 0.000 04～0.002 0 mg/L。97.6%的水源地年均值达到Ⅰ类标准，2.4%的水源地年均值达到Ⅱ类标准。

铜浓度年均值范围为 0.000 5～0.032 6 mg/L。80.5%的水源地年均值达到Ⅰ类标准，19.5%的水源地年均值达到Ⅱ类标准。

铁浓度年均值范围为 0.002～0.125 mg/L；锰浓度年均值范围为 0.000 3～0.022 1 mg/L。水源地年均值均低于标准限值。

其他

pH 范围为 6.9～8.4。

粪大肠菌群浓度年均值范围为 1～651 个/L。87.2%的水源地年均值达到Ⅰ类标准，12.8%的水源地年均值达到Ⅱ类标准。

阴离子表面活性剂浓度年均值范围为 0.025～0.045 mg/L。水源地年均值均达到Ⅰ类标准。

表 2.4-4　2018 年县级地表水饮用水源地主要因子评价类别分布统计　　单位：%

项目	高锰酸盐指数	总磷	粪大肠菌群	氨氮	石油类	铜	镉	铬（六价）
Ⅰ类	34.2	26.8	87.8	53.7	100	80.5	97.6	97.6
Ⅱ类	63.4	48.8	12.2	39.0	0	19.5	2.4	2.4
Ⅲ类	2.4	24.4	0	7.3	0	0	0	0

②综合评价

达标水源地评价

2018年，全省41个地表水饮用水源地除郑州登封市白沙水库外，其余40个水源地各评价因子浓度年均值均达到III类标准，水质浓度年均值均达标。其中，4个水源地水质达到Ⅰ类标准，占9.8%；20个水源地水质达到Ⅱ类标准，占48.8%；16个水源地水质达到III类标准，占39%；1个水源地水质达到Ⅳ类标准，占2.4%。

取水水质达标率评价

全省地表水饮用水源地取水水质达标率为98.7%。

水质定性评价

2018年，全省地表水饮用水源地年均值评价水质级别为良好。15个水源地水质级别为优，占36.6%；25个水源地水质级别为良好，占61.0%；1个水源地水质级别为轻度污染，占2.4%。

表2.4-5 2018年县级地表水饮用水源地水质状况

上级城市	城市名称	水源地名称	达标评价类别	取水达标率评价			水质定性评价	
				总取水量/万t	达标水量/万t	取水达标率/%	P_i值	级别
郑州	登封市	白沙水库	Ⅳ	183	0	0	0.93	轻污染
郑州	登封市	少林水库	III	62	62	100	0.69	良好
郑州	登封市	纸坊水库	III	59	59	100	0.47	优
郑州	巩义市	坞罗水库	III	42.8	42.8	100	0.70	良好
郑州	荥阳市	南水北调干渠	II	1 310.8	1 310.8	100	0.42	优
郑州	中牟县	中牟新城水厂	III	1 028.4	1 028.4	100	0.55	良好
洛阳	栾川县	大南沟水库	II	51.5	51.5	100	0.50	优
洛阳	栾川县	九鼎沟水库	I	146.7	146.7	100	0.46	优
洛阳	栾川县	龙潭沟水库	I	196.9	196.9	100	0.44	优
洛阳	栾川县	石笼沟水库	I	134	134	100	0.45	优
平顶山	宝丰县	宝丰县自来水公司	II	313.9	313.9	100	0.48	优
平顶山	郏县	郏县南水北调取水口	II	200	200	100	0.52	良好
平顶山	舞钢市	田岗水库	III	363	363	100	0.58	良好

上级城市	城市名称	水源地名称	达标评价类别	取水达标率评价			水质定性评价	
				总取水量/万 t	达标水量/万 t	取水达标率/%	P_j 值	级别
安阳	滑县	滑县第三水厂	II	600	600	100	0.51	良好
安阳	林州市	弓上水库	II	575.5	575.5	100	0.42	优
安阳	汤阴县	汤阴县第一水厂	III	248.4	248.4	100	0.55	良好
鹤壁	浚县	鹤壁华电水务有限公司	I	94	94	100	0.54	良好
鹤壁	淇县	鹤壁市骏港水务有限公司	II	204	204	100	0.38	优
新乡	获嘉县	新水水务有限公司水质量控制点	II	144	144	100	0.58	良好
新乡	卫辉市	卫辉东寺门南水北调取水口	II	750.02	750.02	100	0.51	良好
新乡	长垣县	长垣县黄河周营	II	1 441	1 441	100	0.48	优
焦作	博爱县	引丹渠口进水口	III	360	360	100	0.70	良好
焦作	修武县	修武县水务公司	III	150	150	100	0.65	良好
许昌	襄城县	襄城县第三水厂	III	80	80	100	0.61	良好
许昌	禹州市	颍河橡皮坝	II	240	240	100	0.44	优
漯河	临颍县	临颍县清泉自来水公司	II	160	160	100	0.49	优
三门峡	渑池县	黄河槐扒	III	92.27	92.27	100	0.65	良好
三门峡	渑池县	裴窑水库	III	7.93	7.93	100	0.66	良好
南阳	社旗县	社旗南水北调源	II	120	120	100	0.49	优
南阳	唐河县	唐河南水北调源	II	540	540	100	0.49	优
南阳	桐柏县	淮河自来水厂饮用水水源地	II	128	128	100	0.58	良好
南阳	西峡县	西峡县灌河自来水厂	III	135	135	100	0.61	良好
南阳	镇平县	赵湾水库	II	375.9	375.9	100	0.53	良好
信阳	固始县	固始县史河徐咀	II	1 212	1 212	100	0.51	良好
信阳	光山县	光山县泼河水库	III	317	317	100	0.68	良好
信阳	罗山县	罗山县龙山水库	III	420	420	100	0.52	良好
信阳	商城县	商城县鲇鱼山水库大坝北	II	800	800	100	0.56	良好

上级城市	城市名称	水源地名称	达标评价类别	取水达标率评价			水质定性评价	
				总取水量/万 t	达标水量/万 t	取水达标率/%	P_j 值	级别
信阳	新县	新县香山水库	II	148	148	100	0.42	优
驻马店	潢川县	邬桥水库取水口	III	619.98	619.98	100	0.55	良好
驻马店	泌阳县	宋家场水库	III	249	249	100	0.60	良好
驻马店	确山县	薄山水库	II	142	142	100	0.54	良好
全省			II	14 446	14 263	98.7	0.55	良好

2.4.1.2 地下水源地

（1）省辖市

①单项因子评价

有机类

挥发酚浓度年均值范围为 0.000 2～0.000 5 mg/L。水源地年均值均达到 I 类标准。

耗氧量浓度年均值范围为 0.21～2.78 mg/L。88.9%的水源地年均值达到 I 类标准，7.4%的水源地年均值达到 II 类标准，3.7%的水源地年均值达到III类标准。

非金属无机类

氰化物浓度年均值范围为 0.000 50～0.002 17 mg/L。25.9%的水源地年均值达到 I 类标准，74.1%的水源地年均值达到 II 类标准。

亚硝酸盐浓度年均值范围为 0.001～0.016 mg/L。92.6%的水源地年均值达到 I 类标准，全省 7.4%的水源地年均值达到 II 类标准。

氨氮浓度年均值范围为 0.013～0.095 mg/L。66.7%的水源地年均值达到 I 类标准，33.3%的水源地年均值达到 II 类标准。

硝酸盐浓度年均值范围为 0.05～12.79 mg/L。33.4%的水源地年均值达到 I 类标准，40.7%的水源地年均值达到 II 类标准，25.9%的水源地年均值达到III类标准。

氯化物浓度年均值范围为 15.7～128.4 mg/L。51.9%的水源地年均值达到 I 类标准，48.1%的水源地年均值达到 II 类标准。

硫酸盐浓度年均值范围为 28.2～141.4 mg/L。22.2%的水源地年均值达到 I 类标准，77.8%的水源地年均值达到 II 类标准。

氟化物浓度年均值范围为 0.09～0.90 mg/L。水源地年均值均达到Ⅰ类标准。

砷浓度年均值范围为 0.000 2～0.007 5 mg/L。88.9%的水源地年均值达到Ⅰ类标准，11.1%的水源地年均值达到Ⅲ类标准。

金属类

总硬度浓度年均值范围为 85～434 mg/L。22.2%的水源地年均值达到Ⅰ类标准，11.1%的水源地年均值达到Ⅱ类标准，66.7%的水源地年均值达到Ⅲ类标准。

铬（六价）浓度年均值范围为 0.002～0.020 mg/L。96.3%的水源地年均值达到Ⅰ类标准，全省 3.7%的水源地年均值达到Ⅲ类标准。

硒浓度年均值范围为 0.000 2～0.000 6 mg/L，汞浓度年均值范围为 0.000 005～0.000 050 mg/L，铅浓度年均值范围为 0.000 04～0.002 8 mg/L。水源地年均值均达到Ⅰ类标准。

锌浓度年均值范围为 0.000 3～0.067 mg/L。96.3%的水源地年均值达到Ⅰ类标准，全省 3.7%的水源地年均值达到Ⅱ类标准。

镉浓度年均值范围为 0.000 03～0.000 51 mg/L。66.7%的水源地年均值达到Ⅰ类标准，全省 33.3%的水源地年均值达到Ⅱ类标准。

锰浓度年均值范围为 0.000 2～0.10 mg/L。88.9%的水源地年均值达到Ⅰ类标准，全省 7.4%的水源地年均值达到Ⅲ类标准。

铁浓度年均值范围为 0.000 4～0.145 mg/L。85.2%的水源地年均值达到Ⅰ类标准，全省 14.8%的水源地年均值达到Ⅱ类标准。

铜浓度年均值范围为 0.000 04～0.015 mg/L。77.8%的水源地年均值达到Ⅰ类标准，全省 22.2%的水源地年均值达到Ⅱ类标准。

其他

pH 范围为 7.0～7.8。

总大肠菌群浓度年均值范围为 1.0～3.0 个/L。全省水源地年均值均达到Ⅰ类标准。

表 2.4-6 2018 年省辖市地下水源地主要因子评价结果统计 单位：%

项目	总硬度	硫酸盐	氯化物	耗氧量	氨氮	总大肠菌群	氟化物
Ⅰ类	22.2	22.2	51.9	88.9	66.7	100	100
Ⅱ类	11.1	77.8	48.1	7.4	33.3	0	0
Ⅲ类	66.7	0	0	3.7	0	0	0

②综合评价

达标水源地评价

2018年，全省27个地下水源地的各评价因子浓度年均值，7个达到Ⅱ类标准，20个达到Ⅲ类标准，即27个地下水饮用水源地水质年均值均达标，27个水源地各评价因子年均值均达到Ⅲ类标准。

表 2.4-7 2018年省辖市地下饮用水源地水质状况

城市名称	水源地名称	达标评价	取水达标率评价			水质定性评价	
		类别	总取水量/万 t	达标水量/万 t	取水达标率/%	P_j值	级别
郑州	井水厂	Ⅱ	92.0	92.0	100	0.42	优
	东周水厂	Ⅲ	2 455.6	943.6	38.4	0.74	良好
	石佛水厂	Ⅲ	1 731.3	1 731.3	100	0.53	良好
开封	二水厂	Ⅲ	120.0	120.0	100	0.67	良好
洛阳	洛南水源混合	Ⅱ	4 554.7	4 554.7	100	0.48	优
	张庄水源混合	Ⅲ	1 783.7	1 783.7	100	0.49	优
	李楼水源混合	Ⅲ	2 663.8	2 663.8	100	0.69	良好
安阳	三水厂	Ⅲ	54.4	54.4	100	0.67	良好
	四水厂	Ⅲ	1 602.5	1 602.5	100	0.66	良好
鹤壁	集井	Ⅲ	96.5	96.5	100	0.50	优
焦作	市二水厂	Ⅲ	1 061.6	1 061.6	100	0.59	良好
	市四水厂	Ⅲ	1 271.5	1 271.5	100	0.50	优
	市六水厂	Ⅲ	518.1	518.1	100	0.63	良好
	市七水厂	Ⅲ	2 281.7	2 281.7	100	0.67	良好
许昌	董庄水厂	Ⅱ	1 440.0	1 440.0	100	0.39	优
漯河	二水厂	Ⅱ	90.0	90.0	100	0.71	良好
	三水厂	Ⅲ	120.0	120.0	100	0.73	良好
三门峡	一水厂	Ⅲ	258.3	258.3	100	0.55	良好
	二水厂	Ⅲ	80.6	80.6	100	0.49	优
	涧北水厂	Ⅲ	111.9	111.9	100	0.54	良好
南阳	东水厂	Ⅱ	2 232.0	2 232.0	100	0.35	优
	二水厂	Ⅱ	3 162.0	3 162.0	100	0.35	优

城市名称	水源地名称	达标评价	取水达标率评价			水质定性评价	
		类别	总取水量/万 t	达标水量/万 t	取水达标率/%	P_j值	级别
周口	一水厂	II	250.0	250.0	100	0.41	优
	二水厂	III	1 650.0	1 650.0	100	0.67	良好
	三水厂	III	455.0	455.0	100	0.42	优
济源	青多	III	2 040.0	2 040.0	100	0.62	良好
	柴庄	III	430.0	430.0	100	0.58	良好
全省		III	32 607.2	31 095.2	95.4	0.56	良好

取水水质达标率评价

全省省辖市地下水饮用水源地取水水质达标率为 95.4%。

水质定性评价

2018 年，全省省辖市地下水饮用水源地年均值评价水质级别为良好。11 个水源地水质级别为优，占 40.7%；16 个水源地水质级别为良好，占 59.3%。

（2）县级城市

①单项因子评价

有机类

挥发酚浓度年均值范围为 0.000 1～0.001 2 mg/L。全省 98.9%的水源地年均值达到Ⅰ类标准，1.1%的水源地年均值达到III类标准。

耗氧量浓度年均值范围为 0.21～2.10 mg/L。全省 80.7%的水源地年均值达到Ⅰ类标准，18.2%的水源地年均值达到II类标准，1.1%的水源地年均值达到III类标准。

非金属无机类

氰化物浓度年均值范围为 0.000 75～0.010 00 mg/L。22.7%的水源地年均值达到Ⅰ类标准，77.3%的水源地年均值达到II类标准。

亚硝酸盐浓度年均值范围为 0.001～0.125 mg/L。78.4%的水源地年均值达到Ⅰ类标准，全省 19.3%的水源地年均值达到II类标准，2.3%的水源地年均值达到III类标准。

氨氮浓度年均值范围为 0.010～0.440 mg/L。35.2%的水源地年均值达到Ⅰ类标准，44.3%的水源地年均值达到II类标准，20.5%的水源地年均值达到III类标准。

硝酸盐浓度年均值范围为 0.01～13.35 mg/L。50%的水源地年均值达到Ⅰ类标准，

28.4%的水源地年均值达到Ⅱ类标准，21.6%的水源地年均值达到Ⅲ类标准。

氯化物浓度年均值范围为2.6～248.0 mg/L。53.4%的水源地年均值达到Ⅰ类标准，38.6%的水源地年均值达到Ⅱ类标准，8.0%的水源地年均值达到Ⅲ类标准。

硫酸盐浓度年均值范围为0.4～265.0 mg/L。29.5%的水源地年均值达到Ⅰ类标准，56.8%的水源地年均值达到Ⅱ类标准，12.5%的水源地年均值达到Ⅲ类标准，1.1%的水源地年均值达到Ⅳ类标准。

氟化物浓度年均值范围为0.19～0.97 mg/L。水源地年均值均达到Ⅰ类标准。

砷浓度年均值范围为0.000 1～0.006 8 mg/L。56.8%的水源地年均值达到Ⅰ类标准，43.2%的水源地年均值达到Ⅲ类标准。

金属类

总硬度浓度年均值范围为32～435 mg/L。28.4%的水源地年均值达到Ⅰ类标准，38.6%的水源地年均值达到Ⅱ类标准，33.0%的水源地年均值达到Ⅲ类标准。

铬（六价）浓度年均值范围为0.001～0.031 mg/L。91%的水源地年均值达到Ⅰ类标准，4.5%的水源地年均值达到Ⅱ类标准，4.5%的水源地年均值达到Ⅲ类标准。

硒浓度年均值范围为0.000 2～0.006 mg/L。水源地年均值均达到Ⅰ类标准。

锌浓度年均值范围为0.000 4～0.075 mg/L。95.5%的水源地年均值达到Ⅰ类标准，4.5%的水源地年均值达到Ⅱ类标准。

汞浓度年均值范围为0.000 012～0.000 200 mg/L。96.6%的水源地年均值达到Ⅰ类标准，3.4%的水源地年均值达到Ⅲ类标准。

镉浓度年均值范围为0.000 03～0.001 28 mg/L。35.2%的水源地年均值达到Ⅰ类标准，61.4%的水源地年均值达到Ⅱ类标准，3.4%的水源地年均值达到Ⅲ类标准。

锰浓度年均值范围为0.000 3～0.070 3 mg/L。98.9%的水源地年均值达到Ⅰ类标准，1.1%的水源地年均值达到Ⅲ类标准。

铅浓度年均值范围为0.000 04～0.005 0 mg/L。水源地年均值均达到Ⅰ类标准。

铁浓度年均值范围为0.000 4～0.198 mg/L。98.9%的水源地年均值达到Ⅰ类标准，1.1%的水源地年均值达到Ⅱ类标准。

铜浓度年均值范围为0.000 3～0.100 mg/L。83%的水源地年均值达到Ⅰ类标准，13.6%的水源地年均值达到Ⅱ类标准，3.4%的水源地年均值达到Ⅲ类标准。

其他

pH 范围为 6.9～8.4。

总大肠菌群浓度年均值范围为 0.7～3.0 个/L。水源地年均值均达到 I 类标准。

表 2.4-8　2018 年地下水源地主要因子评价结果统计　单位：%

项目	总硬度	硫酸盐	氯化物	耗氧量	氨氮	总大肠菌群	氟化物
Ⅰ类	28.4	29.5	53.4	80.7	35.2	100	100
Ⅱ类	38.6	56.8	38.6	18.2	44.3	0	0
Ⅲ类	33.0	12.5	8.0	1.1	20.5	0	0
Ⅳ类	0	1.1	0	0	0	0	0

②综合评价

2018 年，全省 88 个地下水源地的各评价因子浓度年均值，14 个达到Ⅱ类标准，73 个达到Ⅲ类标准，1 个达到Ⅳ类标准。

取水水质达标率评价

全省县级地下水饮用水源地取水水质达标率为 99.5%。

水质定性评价

2018 年，全省地下水饮用水源地年均值评价水质级别为良好。42 个水源地水质级别为优，占 47.7%；46 个水源地水质级别为良好，占 52.3%。

表 2.4-9　2018 年县级地下饮用水源地水质状况

上级城市	城市名称	水源地名称	达标评价类别	取水达标率评价			水质定性评价	
				总取水量/万 t	达标水量/万 t	取水达标率/%	P_j值	级别
郑州	巩义市	巩义三水厂地下水井群	Ⅲ	582.3	582.3	100	0.43	优
	新密市	五里店水井	Ⅲ	60.8	60.8	100	0.63	良好
		老城水井	Ⅲ	7.5	7.5	100	0.61	良好
		西关水井	Ⅲ	80.8	80.8	100	0.57	良好
		前村水井	Ⅲ	105.2	105.2	100	0.59	良好
	新郑市	水厂地下水井群	Ⅲ	240	240	100	0.44	优

上级城市	城市名称	水源地名称	达标评价类别	取水达标率评价			水质定性评价	
				总取水量/万t	达标水量/万t	取水达标率/%	P_j值	级别
开封	杞县	杞县第二水厂	III	69.4	69.4	100	0.48	优
	通许县	通许县二水厂	III	78	78	100	0.48	优
	尉氏县	尉氏县一水厂地下水井群	III	16.5	16.5	100	0.49	优
		尉氏县二水厂	III	30	30	100	0.5	优
	兰考县	兰考县自来水公司1号井	III	720	720	100	0.69	良好
洛阳	孟津县	李窑-寺河南地下水井群	III	69	69	100	0.56	良好
	新安县	新安县上河地下水井群	III	226	226	100	0.62	良好
		新安县南岗地下水井群	III	470	470	100	0.68	良好
	嵩县	嵩县伊河玉泉山水厂	III	273	273	100	0.6	良好
	汝阳县	汝阳县龙泉自来水公司地下水井群	II	353	353	100	0.38	优
	宜阳县	宜阳县第一水厂	III	54.3	54.3	100	0.67	良好
		宜阳县第二水厂	III	419.6	419.6	100	0.69	良好
		宜阳县第三水厂	II	234.8	234.8	100	0.47	优
	洛宁县	洛宁县一水厂	III	30.3	30.3	100	0.68	良好
		洛宁县二水厂	III	44.4	44.4	100	0.69	良好
	伊川县	伊川县平等乡地下水井群	III	220	220	100	0.68	良好
		伊川县南苑水厂地下水井群	III	365.9	365.9	100	0.57	良好
	偃师市	二水厂地下水井群	II	666	666	100	0.43	优
平顶山	叶县	叶县盐都水务地下水井群	III	60	60	100	0.51	良好
		叶县东升洁地下水井群	III	112	112	100	0.53	良好
	汝州市	汝州市自来水公司	III	324	324	100	0.57	良好
新乡	原阳县	原阳县水厂地下水井群	III	25	25	100	0.5	优
	延津县	延津县水厂地下水井群	III	13.1	13.1	100	0.4	优
	封丘县	封丘县边庄地下水井群	III	111	111	100	0.63	良好
	辉县市	段屯地下水井群	II	55	55	100	0.42	优
焦作	温县	温县中张王庄滩地下水井群	III	274	274	100	0.43	优
	沁阳市	沁阳市地下水井群	III	177	177	100	0.63	良好
	孟州市	孟州市地下水井群	III	76.6	76.6	100	0.46	优

上级城市	城市名称	水源地名称	达标评价类别	取水达标率评价			水质定性评价	
				总取水量/万 t	达标水量/万 t	取水达标率/%	P_j 值	级别
濮阳	清丰县	八里庄水厂泵房	III	0.6	0.6	100	0.62	良好
	范县	老城区地下水井群	IV	2	1	50	0.77	良好
	台前县	县自来水厂	III	30.5	30.5	100	0.69	良好
许昌	鄢陵县	鄢陵县康源公司地下水井群	III	24	24	100	0.49	优
	长葛市	长葛地下水井群	III	90	90	100	0.64	良好
漯河	舞阳县	舞阳县城市供水厂配水井	II	60	60	100	0.72	良好
三门峡	卢氏县	万吨水厂	III	116.8	116.8	100	0.57	良好
		东湾林场水厂	III	69.2	69.2	100	0.56	良好
	义马市	义煤集团 450 水厂	III	145	145	100	0.55	良好
		义马市水厂	II	327	327	100	0.44	优
	灵宝市	二水厂	III	690	690	100	0.65	良好
南阳	南召县	南召县黄鸭河	III	75	75	100	0.38	优
	方城县	方城县贺大庄地下水井群	III	27	27	100	0.48	优
	内乡县	内乡县凉泉地下水井群	III	60	60	100	0.6	良好
		内乡县湍河地下水井群	III	39	39	100	0.62	良好
	淅川县	淅川县马家石咀地下水井群	III	170	170	100	0.51	良好
		淅川县金河地下水井群	II	8	8	100	0.46	优
		淅川县牛尾山地下水井群	III	8	8	100	0.55	良好
	新野县	新野中技铭沣水务有限公司地下水井群	III	180	180	100	0.36	优
	邓州市	市自来水公司沉砂池	II	849	849	100	0.43	优
商丘	民权县	一水厂汇水口	III	49	49	100	0.64	良好
		二水厂汇水口	III	72	72	100	0.62	良好
	睢县	睢县二水厂汇水口	III	94.6	94.6	100	0.57	良好
		睢县三水厂地下水井群	III	15.5	15.5	100	0.66	良好
	宁陵县	殷楼 2 号井	III	36.9	36.9	100	0.49	优
	柘城县	后李楼汇水口	III	85.5	85.5	100	0.58	良好
	虞城县	二水厂汇水口	III	134	134	100	0.44	优

上级城市	城市名称	水源地名称	达标评价类别	取水达标率评价			水质定性评价	
				总取水量/万t	达标水量/万t	取水达标率/%	P_j值	级别
商丘	夏邑县	一水厂汇水口	III	41	41	100	0.68	良好
		夏邑县二水厂地下水井群	III	49.6	49.6	100	0.7	良好
		夏邑县三水厂地下水井群	III	49.6	49.6	100	0.7	良好
	永城市	永城市水厂	III	1 143	1 143	100	0.66	良好
信阳	淮滨县	淮滨县自来水厂	III	83	83	100	0.41	优
	息县	息县县城集中式地下水饮用水源地	II	83	83	100	0.49	优
周口	扶沟县	扶沟县银龙供水有限公司	II	309	309	100	0.36	优
	西华县	西华县银龙供水有限公司	II	309	309	100	0.42	优
	商水县	商水县一水厂	III	192.5	192.5	100	0.37	优
		商水县二水厂	II	103.1	103.1	100	0.38	优
	沈丘县	沈丘县沙南供水厂	III	282	282	100	0.49	优
	郸城县	郸城县一水厂	III	275	275	100	0.52	良好
		郸城县二水厂	III	152	152	100	0.72	良好
	淮阳县	淮阳县自来水公司	II	361	361	100	0.37	优
	太康县	太康县水厂	III	165.8	165.8	100	0.45	优
	鹿邑县	鹿邑县地下饮用水源	III	606	606	100	0.61	良好
	项城市	项城市供水厂	III	267	267	100	0.54	良好
		项城市自来水公司	III	340	340	100	0.5	优
驻马店	西平县	西平县自来水厂周范地下水井群	III	102	102	100	0.4	优
	上蔡县	上蔡县万通供水有限责任公司地下水井群	III	390	390	100	0.37	优
	平舆县	平舆县清源水业有限公司地下水井群	III	98	98	100	0.36	优
	正阳县	看守所东4#	III	70.4	70.4	100	0.4	优
		真阳井（加气站）	III	19.7	19.7	100	0.44	优
	汝南县	西关井群配水站	III	126	126	100	0.49	优
	遂平县	遂平县莲花湖地下水井群	II	48.5	48.5	100	0.41	优
	新蔡县	新蔡县自来水公司	III	470	432	91.9	0.47	优
		仁和水厂	III	495	453	91.5	0.47	优
全省			III	16 734.3	16 653.3	99.5	0.53	良好

2.4.1.3 总体评价

（1）省辖市

①达标水源地评价

2018 年，全省 18 个城市的地表与地下饮用水源地监测因子浓度年均值均达到III类标准。

②取水水质达标率评价

2018 年，全省 18 个省辖市的饮用水源地取水水质达标率除郑州市外均为 98.4%。

表 2.4-10 2018 年省辖市饮用水源地水质状况

城市名称	取水达标率评价			水质定性评价	
	总取水量/万 t	达标水量/万 t	取水达标率/%	*P* 值	级别
郑州	17 756.6	16 402.1	92.4	0.53	良好
开封	2 904.0	2 904.0	100	0.58	良好
洛阳	9 002.2	9 002.2	100	0.55	良好
平顶山	4 847.2	4 847.2	100	0.46	优
安阳	6 566.5	6 566.5	100	0.54	良好
鹤壁	1 713.9	1 713.9	100	0.43	优
新乡	732.0	732.0	100	0.51	良好
焦作	5 132.9	5 132.9	100	0.60	良好
濮阳	4 142.2	4 142.2	100	0.35	优
许昌	3 240.0	3 240.0	100	0.42	优
漯河	1 590.0	1 590.0	100	0.63	良好
三门峡	2 185.1	2 185.1	100	0.49	优
南阳	5 394.0	5 394.0	100	0.35	优
商丘	2 500.4	2 500.4	100	0.61	良好
信阳	4 642.7	4 642.7	100	0.43	优
周口	2 355.0	2 355.0	100	0.50	优
驻马店	6 576.0	6 576.0	100	0.42	优
济源	2 470.0	2 470.0	100	0.60	良好
全省	83 778.0	82 423.6	98.4	0.50	优

③水质定性评价

2018年，全省省辖市饮用水源地浓度年均值评价水质级别为优。濮阳、南阳、许昌、驻马店、信阳、鹤壁、平顶山、三门峡、周口9市集中式饮用水源地水质级别为优，新乡、郑州、安阳、洛阳、开封、焦作、济源、商丘、漯河9市集中式饮用水源地水质级别为良好。

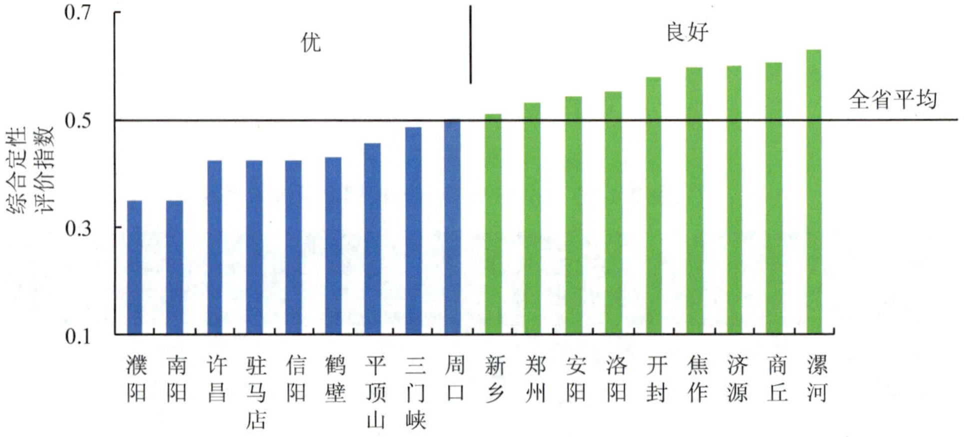

图2.4-2 2018年省辖市城市饮用水源地水质综合评价排序

（2）县级城市

①达标水源地评价

2018年，全省98个县级城市的饮用水源地除郑州登封市白沙水库地表水源地、濮阳范县老城区地下水井群饮用水源地为Ⅳ类外，其他饮用水源地的监测因子浓度年均值均达到Ⅲ类标准。

②取水水质达标率评价

2018年，全省98个县级城市除郑州登封市（39.8%）、濮阳范县（50%）、驻马店新蔡（91.7%）外的饮用水源地取水水质达标率均为100%。

③水质定性评价

2018年，全省县级饮用水源地浓度年均值评价水质级别为良好。45个县（市）集中式饮用水源地水质级别为优；53个县（市）集中式饮用水源地水质级别为良好。

表 2.4-11 2018 年县级饮用水源地水质状况

上级城市	城市名称	取水达标率评价			水质定性评价	
		总取水量/万 t	达标水量/万 t	取水达标率/%	*P* 值	级别
郑州	中牟县	1 028.4	1 028.4	100	0.550	良好
	巩义市	625.1	625.1	100	0.544	良好
	荥阳市	1 310.8	1 310.8	100	0.422	优
	新密市	254.3	254.3	100	0.598	良好
	新郑市	240.0	240.0	100	0.435	优
	登封市	304.0	121.0	39.8	0.701	良好
开封	杞县	69.4	69.4	100	0.481	优
	通许县	78.0	78.0	100	0.484	优
	尉氏县	46.5	46.5	100	0.494	优
	兰考县	720.0	720.0	100	0.685	良好
洛阳	孟津县	69.0	69.0	100	0.564	良好
	新安县	696.0	696.0	100	0.651	良好
	栾川县	529.1	529.1	100	0.460	优
	嵩县	273.0	273.0	100	0.600	良好
	汝阳县	353.0	353.0	100	0.383	优
	宜阳县	708.7	708.7	100	0.611	良好
	洛宁县	74.7	74.7	100	0.685	良好
	伊川县	585.9	585.9	100	0.624	良好
	偃师市	666.0	666.0	100	0.429	优
平顶山	宝丰县	313.9	313.9	100	0.482	优
	叶县	172.0	172.0	100	0.520	良好
	郏县	200.0	200.0	100	0.519	良好
	舞钢市	363.0	363.0	100	0.585	良好
	汝州市	324.0	324.0	100	0.569	良好
安阳	汤阴县	248.4	248.4	100	0.554	良好
	滑县	600.0	600.0	100	0.511	良好
	林州市	575.5	575.5	100	0.423	优
鹤壁	浚县	94.0	94.0	100	0.539	良好
	淇县	204.0	204.0	100	0.383	优

上级城市	城市名称	取水达标率评价			水质定性评价	
		总取水量/万 t	达标水量/万 t	取水达标率/%	*P* 值	级别
新乡	获嘉县	144.0	144.0	100	0.576	良好
	原阳县	25.0	25.0	100	0.497	优
	延津县	13.1	13.1	100	0.401	优
	封丘县	111.0	111.0	100	0.628	良好
	长垣县	1 441.0	1 441.0	100	0.479	优
	卫辉市	750.0	750.0	100	0.516	良好
	辉县市	55.0	55.0	100	0.420	优
焦作	修武县	150.0	150.0	100	0.653	良好
	博爱县	360.0	360.0	100	0.699	良好
	温县	274.0	274.0	100	0.434	优
	沁阳市	177.0	177.0	100	0.626	良好
	孟州市	76.6	76.6	100	0.459	优
濮阳	清丰县	0.6	0.6	100	0.621	良好
	范县	2.0	1.0	50.0	0.770	良好
	台前县	30.5	30.5	100	0.692	良好
许昌	鄢陵县	24.0	24.0	100	0.487	优
	襄城县	80.0	80.0	100	0.607	良好
	禹州市	240.0	240.0	100	0.443	优
	长葛市	90.0	90.0	100	0.642	良好
漯河	舞阳县	60.0	60.0	100	0.715	良好
	临颍县	160.0	160.0	100	0.493	优
三门峡	渑池县	100.2	100.2	100	0.658	良好
	卢氏县	186.0	186.0	100	0.567	良好
	义马市	472.0	472.0	100	0.495	优
	灵宝市	690.0	690.0	100	0.653	良好
南阳	南召县	75.0	75.0	100	0.383	优
	方城县	27.0	27.0	100	0.481	优
	西峡县	135.0	135.0	100	0.606	良好
	镇平县	375.9	375.9	100	0.532	良好

上级城市	城市名称	取水达标率评价			水质定性评价	
		总取水量/万 t	达标水量/万 t	取水达标率/%	P 值	级别
南阳	内乡县	99.0	99.0	100	0.608	良好
	淅川县	186.0	186.0	100	0.506	良好
	社旗县	120.0	120.0	100	0.497	优
	唐河县	540.0	540.0	100	0.485	优
	新野县	180.0	180.0	100	0.362	优
	桐柏县	128.0	128.0	100	0.581	良好
	邓州市	849.0	849.0	100	0.425	优
商丘	民权县	121.0	121.0	100	0.630	良好
	睢县	110.1	110.1	100	0.614	良好
	宁陵县	36.9	36.9	100	0.494	优
	柘城县	85.5	85.5	100	0.582	良好
	虞城县	134.0	134.0	100	0.442	优
	夏邑县	140.2	140.2	100	0.694	良好
	永城市	1 143.0	1 143.0	100	0.657	良好
信阳	罗山县	800.0	800.0	100	0.524	良好
	光山县	317.0	317.0	100	0.679	良好
	新县	620.0	620.0	100	0.421	优
	商城县	148.0	148.0	100	0.560	良好
	固始县	1 212.0	1 212.0	100	0.512	良好
	潢川县	420.0	420.0	100	0.552	良好
	淮滨县	83.0	83.0	100	0.411	优
	息县	83.0	83.0	100	0.485	优
周口	扶沟县	309.0	309.0	100	0.363	优
	西华县	309.0	309.0	100	0.418	优
	商水县	295.6	295.6	100	0.372	优
	沈丘县	282.0	282.0	100	0.491	优
	郸城县	427.0	427.0	100	0.621	良好
	淮阳县	361.0	361.0	100	0.370	优
	太康县	165.8	165.8	100	0.449	优
	鹿邑县	606.0	606.0	100	0.610	良好
	项城市	607.0	607.0	100	0.522	良好

上级城市	城市名称	取水达标率评价			水质定性评价	
		总取水量/万t	达标水量/万t	取水达标率/%	*P*值	级别
驻马店	西平县	102.0	102.0	100	0.402	优
	上蔡县	390.0	390.0	100	0.365	优
	平舆县	98.0	98.0	100	0.359	优
	正阳县	90.1	90.1	100	0.416	优
	确山县	142.0	142.0	100	0.538	良好
	泌阳县	249.0	249.0	100	0.604	良好
	汝南县	126.0	126.0	100	0.491	优
	遂平县	48.5	48.5	100	0.409	优
	新蔡县	965.0	885.0	91.7	0.471	优
全省		31 180.3	30 916.3	99.2	0.53	良好

2.4.2 对比分析

2.4.2.1 地表水源地

（1）省辖市

①单项因子对比

年均浓度变化

与上年相比，2018 年全省省辖市地表饮用水源地 26 项评价因子年均浓度稍有波动或基本持平，水质类别均无变化。

表 2.4-12　2018 年与 2017 年省辖市地表水源地部分污染物浓度年均值比较

单位：mg/L（粪大肠菌群：个/L）

项目	2018 年均值	类别	2017 年均值	类别	类别变化
总磷	0.021	II	0.021	II	无
高锰酸盐指数	2.43	II	2.41	II	无
溶解氧	8.9	I	8.6	I	无
氟化物	0.40	I	0.43	I	无

项目	2018 年均值	类别	2017 年均值	类别	类别变化
挥发酚	0.000 3	I	0.000 3	I	无
石油类	0.008	I	0.008	I	无
粪大肠菌群	55	I	61	I	无
氨氮	0.089	I	0.091	I	无
生化需氧量	1.39	I	1.64	I	无
铜	0.005 4	I	0.009 3	I	无
锌	0.007 4	I	0.008 9	I	无
硒	0.000 20	I	0.000 23	I	无
砷	0.000 77	I	0.000 72	I	无
镉	0.000 1	I	0.000 2	I	无
铬（六价）	0.002	I	0.002	I	无
铅	0.000 9	I	0.001 8	I	无
汞	0.000 02	I	0.000 02	I	无
阴离子表面活性剂	0.033	I	0.029	I	无
氰化物	0.002	I	0.002	I	无
硫化物	0.005	I	0.005	I	无

主要评价因子 I 、II 类水质水源地百分比变化

与上年相比，2018 年全省 15 个地表饮用水源地主要评价因子中，高锰酸盐指数 I 、II 类百分比升高 1 个百分点，其他无变化。

表 2.4-13 2018 年与 2017 年省辖市地表水源地主要评价因子水质类别比较

项目	I 、II 类百分比/%		劣III类百分比/%		I 、II 类百分比变化	劣III类百分比变化
	2018 年	2017 年	2018 年	2017 年		
高锰酸盐指数	93.3	92.3	0	0	1	0
氟化物	100	100	0	0	0	0
挥发酚	100	100	0	0	0	0
粪大肠菌群	100	100	0	0	0	0
氨氮	100	100	0	0	0	0
硝酸盐	100	100	0	0	0	0

项目	Ⅰ、Ⅱ类百分比/%		劣Ⅲ类百分比/%		Ⅰ、Ⅱ类百分比变化	劣Ⅲ类百分比变化
	2018年	2017年	2018年	2017年		
砷	100	100	0	0	0	0
镉	100	100	0	0	0	0
铬（六价）	100	100	0	0	0	0
铅	100	100	0	0	0	0
汞	100	100	0	0	0	0
氰化物	100	100	0	0	0	0

②综合评价对比

2018年，全省省辖市地表饮用水源地水质浓度年均值均优于或达到Ⅲ类标准。

表2.4-14　2018年与2017年省辖市地表水源地水质综合评价比较

城市名称	水源地名称	2018年		2017年	
		定性级别	水质类别	定性级别	水质类别
郑州	黄河水源厂	良好	Ⅱ	良好	Ⅱ
	柿园水厂	优	Ⅰ	优	Ⅱ
开封	柳池	优	Ⅱ	良好	Ⅱ
平顶山	白龟山水库	优	Ⅱ	优	Ⅱ
安阳	岳城水库五水厂	优	Ⅱ	优	Ⅱ
	第八水厂	优	Ⅱ	—	—
鹤壁	黄花营	优	Ⅰ	优	Ⅱ
新乡	七里营	良好	Ⅱ	—	—
濮阳	西水坡调节池	优	Ⅱ	优	Ⅰ
许昌	周庄水厂	优	Ⅰ	优	Ⅰ
漯河	澧河三里桥	优	Ⅱ	优	Ⅱ
三门峡	朱乙河水库	优	Ⅱ	优	Ⅱ
商丘	第四水厂	良好	Ⅲ	良好	Ⅲ
信阳	南湾水库	优	Ⅱ	优	Ⅱ
驻马店	板桥水库	优	Ⅱ	优	Ⅱ
全省		优	Ⅱ	优	Ⅱ

与上年相比，开封柳池由良好变为优，其他 14 个水源地未发生水质级别变化。

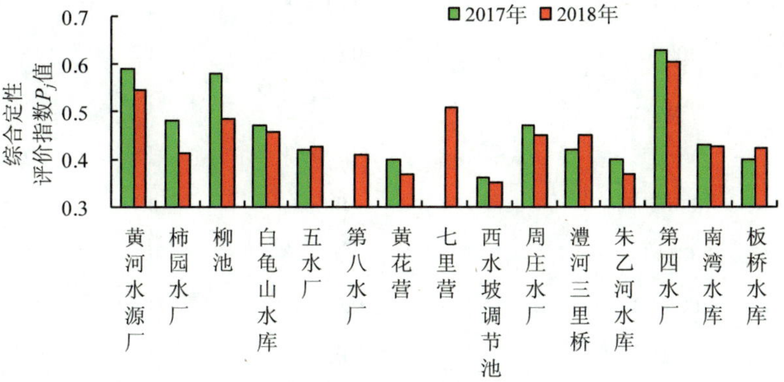

图 2.4-3 2018 年与 2017 年省辖市地表饮用水源地水质比较

（2）县级城市

①单项因子对比

年均浓度变化

与上年相比，2018 年全省县级地表饮用水源地 26 项评价因子除溶解氧外其他因子的年均浓度基本持平，水质类别除溶解氧变差外，其他因子均无变化。

表 2.4-15 2018 年与 2017 年县级地表水源地部分污染物浓度年均值比较

单位：mg/L（粪大肠菌群：个/L）

项目	2018 年均值	类别	2017 年均值	类别	类别变化
总磷	0.030	II	0.026	II	无
高锰酸盐指数	2.45	II	2.44	II	无
溶解氧	7.4	II	7.6	I	变差
氟化物	0.37	I	0.37	I	无
挥发酚	0.000 3	I	0.000 3	I	无
石油类	0.01	I	0.01	I	无
粪大肠菌群	180	I	164.	I	无
氨氮	0.21	II	0.18	II	无
五日生化需氧量	2.25	I	2.19	I	无
铜	0.006 7	I	0.003 6	I	无

项目	2018年均值	类别	2017年均值	类别	类别变化
锌	0.011	Ⅰ	0.015 3	Ⅰ	无
硒	0.000 48	Ⅰ	0.000 40	Ⅰ	无
砷	0.001 14	Ⅰ	0.001 36	Ⅰ	无
镉	0.000 3	Ⅰ	0.000 4	Ⅰ	无
铬（六价）	0.003	Ⅰ	0.003	Ⅰ	无
铅	0.002 1	Ⅰ	0.003 0	Ⅰ	无
汞	0.000 02	Ⅰ	0.000 02	Ⅰ	无
阴离子表面活性剂	0.026	Ⅰ	0.026	Ⅰ	无
氰化物	0.002	Ⅰ	0.002	Ⅰ	无
硫化物	0.006	Ⅰ	0.005	Ⅰ	无

主要评价因子Ⅰ、Ⅱ类水质水源地百分比变化

与上年相比，2018年县级地表饮用水源地主要评价因子Ⅰ、Ⅱ类百分比，高锰酸盐指数和氟化物均降低2.4个百分点，氨氮降低4.8个百分点，汞升高5个百分点，氟化物劣Ⅲ类百分比升高2.4个百分点，其他无变化。

表2.4-16　2018年与2017年县级地表水源地主要评价因子水质类别比较

项目	Ⅰ、Ⅱ类百分比/%		劣Ⅲ类百分比/%		Ⅰ、Ⅱ类百分比变化	劣Ⅲ类百分比变化
	2018年	2017年	2018年	2017年		
高锰酸盐指数	97.6	100	0	0	−2.4	0
氟化物	97.6	100	2.4	0	−2.4	2.4
挥发酚	100	100	0	0	0	0
粪大肠菌群	100	100	0	0	0	0
氨氮	92.7	97.5	0	0	−4.8	0
硝酸盐	100	100	0	0	0	0
砷	100	100	0	0	0	0
镉	100	100	0	0	0	0
铬（六价）	100	100	0	0	0	0
铅	100	100	0	0	0	0
汞	100	95.0	0	0	5.0	0
氰化物	100	100	0	0	0	0

②综合评价对比

2017—2018 年，全省县级地表饮用水源地水质浓度年均值均优于或达到III类标准。与上年相比，由良好变为优的水源地有信阳新县香山水库取水口、许昌禹州市颍河橡皮坝、新乡长垣河南黄河长垣周营上延水源地保护区、南阳县唐河县自来水公司、南阳社旗县水厂南水北调源；由优变为良好的水源地有安阳滑县第三水厂、鹤壁浚县鹤壁华电水务有限公司、安阳汤阴县第一水厂、新乡获嘉县新水水务有限公司、郑州登封市少林水库；郑州登封市白沙水库由良好变为轻度污染，其他 30 个水源地未发生水质级别变化。

表 2.4-17 2018 年与 2017 年县级地表水源地水质综合评价比较

上级城市	城市名称	水源地名称	2018 年		2017 年	
			定性级别	水质类别	定性级别	水质类别
郑州	中牟县	中牟新城水厂	良好	III	良好	II
	巩义市	坞罗水库	良好	III	良好	III
	荥阳市	罗垌水厂	优	II	优	II
	登封市	少林水库	良好	III	优	III
		纸坊水库	优	III	优	II
		白沙水库	轻度污染	IV	良好	III
洛阳	栾川县	大南沟水库	优	II	优	I
		石笼沟水库	优	I	优	I
		九鼎沟水库	优	I	优	I
		七姑沟水库	优	I	优	I
平顶山	宝丰县	宝丰县自来水公司	优	II	优	I
	郏县	郏县南水北调取水口	良好	II	良好	II
	舞钢市	田岗水库	良好	III	良好	III
安阳	汤阴县	汤阴县第一水厂	良好	III	优	II
	滑县	滑县第三水厂	良好	II	优	II
	林州市	弓上水库	优	II	优	III
鹤壁	浚县	鹤壁华电水务有限公司	良好	I	优	II
	淇县	鹤壁市骏港水务有限公司	优	II	优	II

上级城市	城市名称	水源地名称	2018年		2017年	
			定性级别	水质类别	定性级别	水质类别
新乡	获嘉县	新水水务有限公司	良好	II	优	II
	长垣县	河南黄河长垣周营上延水源地保护区	优	II	良好	II
	卫辉市	卫辉东寺门南水北调取水口	良好	II	良好	III
焦作	修武县	修武县水务公司	良好	III	良好	III
	博爱县	引丹渠口进水口	良好	III	良好	III
许昌	襄城县	襄城县第三水厂	良好	III	良好	III
	禹州市	颍河橡皮坝	优	II	良好	II
漯河	临颍县	临颍县清泉自来水公司	优	II	优	II
三门峡	渑池县	裴窑水库	良好	III	良好	III
		西段村水库	良好	III		
南阳	西峡县	西峡县灌河自来水厂	良好	III	良好	III
	镇平县	赵湾水库	良好	II	良好	II
	社旗县	社旗县水厂南水北调源水质量控制点	优	II	良好	II
	唐河县	唐河县自来水公司	优	II	良好	II
	桐柏县	淮河自来水厂饮用水水源地	良好	II	良好	III
信阳	罗山县	罗山县龙山水库	良好	III	良好	III
	光山县	光山县泼河水库	良好	III	良好	III
	新县	香山水库取水口	优	II	良好	II
	商城县	商城县鲇鱼山水库大坝北	良好	II	良好	II
	固始县	史河地表水厂取水口	良好	II	良好	II
	潢川县	邬桥水库取水口	良好	III	良好	III
驻马店	确山县	薄山水库	良好	II	良好	III
	泌阳县	宋家场水库	良好	III	良好	III
全省			良好	II	良好	II

2.4.2.2 地下水源地

（1）省辖市

①单项因子对比

年均浓度变化

与上年相比，2018 年全省省辖市地下饮用水源地 22 项评价因子年均浓度均无水质类别变化。

主要评价因子Ⅰ、Ⅱ类水质水源地百分比变化

与上年相比，2018 年全省省辖市 27 个地下饮用水源地主要评价因子Ⅰ、Ⅱ类百分比中，总硬度降低 7.4 个百分点，硫酸盐升高 3.7 个百分点，氨氮升高 11.1 个百分点，砷升高 7.4 个百分点，铬（六价）降低 3.7 个百分点，Ⅰ、Ⅱ类百分比变化均在 20 个百分点以内；其他无变化。

表 2.4-18　2018 年与 2017 年省辖市地下饮用水源地部分污染因子年均值比较

单位：mg/L（总大肠菌群：个/L）

项目	2018 年		2017 年		类别变化
	年均值	类别	年均值	类别	
总硬度	300	Ⅱ	294	Ⅱ	无
硫酸盐	81.0	Ⅱ	79.0	Ⅱ	无
氯化物	52.3	Ⅱ	50.1	Ⅱ	无
耗氧量	0.74	Ⅰ	0.84	Ⅰ	无
氨氮	0.025	Ⅱ	0.040	Ⅱ	无
氟化物	0.35	Ⅰ	0.36	Ⅰ	无
总大肠菌群	1.4	Ⅰ	1.5	Ⅰ	无
挥发酚	0.000 2	Ⅰ	0.000 2	Ⅰ	无
硝酸盐	4.08	Ⅱ	3.96	Ⅱ	无
亚硝酸盐	0.003	Ⅰ	0.003	Ⅰ	无
铁	0.037	Ⅰ	0.032	Ⅰ	无
锰	0.015 0	Ⅰ	0.013 1	Ⅰ	无
铜	0.005	Ⅰ	0.010	Ⅰ	无

项目	2018 年		2017 年		类别变化
	年均值	类别	年均值	类别	
锌	0.011	I	0.013	I	无
阴离子表面活性剂	0.025	II	0.026	II	无
氰化物	0.001 70	II	0.001 94	II	无
汞	0.000 022	I	0.000 020	I	无
砷	0.000 8	I	0.000 9	I	无
硒	0.000 2	I	0.000 2	I	无
镉	0.000 11	II	0.000 19	II	无
铬（六价）	0.003	I	0.003	I	无
铅	0.000 9	I	0.001 4	I	无

表 2.4-19　2018 年与 2017 年城市地下饮用水源地主要评价因子水质类别比较

项目	I、II 类百分比/%		劣III类百分比/%		I、II 类百分比变化	劣III类百分比变化
	2018 年	2017 年	2018 年	2017 年		
总硬度	33.3	40.7	0	0	−7.4	0
硫酸盐	100	96.3	0	0	3.7	0
氯化物	100	100	0	0	0	0
耗氧量	96.3	96.3	0	0	0	0
氨氮	100	88.9	0	0	11.1	0
氟化物	100	100	0	0	0	0
总大肠菌群	100	100	0	0	0	0
挥发酚	100	100	0	0	0	0
硝酸盐	74.1	74.1	0	0	0	0
亚硝酸盐	100	100	0	0	0	0
氰化物	100	100	0	0	0	0
汞	100	100	0	0	0	0
砷	88.9	81.5	0	0	7.4	0
镉	100	100	0	0	0	0
铬（六价）	96.3	100	0	0	−3.7	0
铅	100	100	0	0	0	0

②综合评价对比

2017—2018 年，全省省辖市地下饮用水源地水质浓度年均值均优于或达到III类标准。与上年相比，全省可比的 27 个城市地下饮用水源地中，焦作市四水厂由良好变为优，三门峡一水厂由优变为良好，其他 25 个水源地未发生水质级别变化。

表 2.4-20 2018 年与 2017 年省辖市地下饮用水源地主要评价因子水质类别比较

城市名称	水源地名称	2018 年		2017 年	
		定性级别	水质类别	定性级别	水质类别
郑州	井水厂	优	II	优	II
	东周水厂	良好	III	良好	III
	石佛水厂	良好	III	良好	III
开封	二水厂	良好	III	良好	III
洛阳	洛南水源混合	优	II	优	III
	张庄水源混合	优	III	优	III
	李楼水源混合	良好	III	良好	III
安阳	三水厂	良好	III	良好	III
	四水厂	良好	III	良好	III
鹤壁	集井	优	III	优	III
焦作	市二水厂	良好	III	良好	III
	市四水厂	优	III	良好	III
	市六水厂	良好	III	良好	III
	市七水厂	良好	III	良好	III
许昌	董庄水厂	优	II	优	III
漯河	二水厂	良好	II	良好	II
	三水厂	良好	III	良好	III
三门峡	一水厂	良好	III	优	III
	二水厂	优	III	优	II
	涧北水厂	良好	III	良好	III
南阳	东水厂	优	II	优	II
	二水厂	优	II	优	II
周口	一水厂	优	II	优	III
	二水厂	良好	III	良好	III
	三水厂	优	III	优	III
济源	青多	良好	III	良好	III
	柴庄	良好	III	良好	III
全省		良好	II	良好	II

（2）县级城市

①单项因子对比

年均浓度变化

与上年相比，2018 年县级地下饮用水源地 22 项评价的年均浓度稍有波动或基本持平，水质类别除铜变好外，其他因子均无变化。

表 2.4-21　2018 年与 2017 年县级地下饮用水源地部分污染因子年均值比较

单位：mg/L（总大肠菌群：个/L）

项目	2018 年		2017 年		类别变化
	年均值	类别	年均值	类别	
总硬度	244	II	250	II	无
硫酸盐	85.1	II	86.7	II	无
氯化物	61.6	II	64.9	II	无
耗氧量	0.79	I	0.83	I	无
氨氮	0.069	II	0.042	II	无
氟化物	0.50	I	0.48	I	无
总大肠菌群	1.3	I	1.6	I	无
挥发酚	0.000 5	I	0.000 6	I	无
硝酸盐	3.22	II	3.55	II	无
亚硝酸盐	0.009	I	0.003	I	无
铁	0.018	I	0.026	I	无
锰	0.009 1	I	0.012 0	I	无
铜	0.007	I	0.011	II	变好
锌	0.013	I	0.023	I	无
阴离子表面活性剂	0.032	II	0.033	II	无
氰化物	0.001 72	II	0.001 54	II	无
汞	0.000 036	I	0.000 048	I	无
砷	0.001 5	III	0.001 4	III	无
硒	0.000 3	I	0.000 3	I	无
镉	0.000 23	II	0.000 34	II	无
铬（六价）	0.003	I	0.003	I	无
铅	0.001 3	I	0.001 8	I	无

表 2.4-22 2018 年与 2017 年城市地下饮用水源地主要评价因子水质类别比较

单位：mg/L（总大肠菌群：个/L）

项目	Ⅰ、Ⅱ类百分比/%		劣Ⅲ类百分比/%		Ⅰ、Ⅱ类百分比变化	劣Ⅲ类百分比变化
	2018 年	2017 年	2018 年	2017 年		
总硬度	67.0	60.2	0	0	6.8	0
硫酸盐	86.4	84.3	1.1	0	2.1	1.1
氯化物	92.0	91.6	0	0	0.4	0
耗氧量	98.9	100	0	0	−1.1	0
氨氮	79.5	92.8	0	0	−13.3	0
氟化物	100	98.8	0	1.2	1.2	−1.2
总大肠菌群	100	100	0	0	0	0
挥发酚	98.9	95.2	0	0	3.7	0
硝酸盐	78.4	69.9	0	0	8.5	0
亚硝酸盐	97.7	100	0	0	−2.3	0
氰化物	100	100	0	0	0	0
汞	96.6	90.4	0	0	6.2	0
砷	56.8	62.7	0	0	−5.9	0
镉	96.6	94.0	0	0	2.6	0
铬（六价）	95.5	97.6	0	0	−2.1	0
铅	100	95.2	0	1.2	4.8	−1.2

主要评价因子Ⅰ、Ⅱ类水质水源地百分比变化

与上年相比，2018 年全省县级 88 个地下饮用水源地主要评价因子Ⅰ、Ⅱ类百分比中，总硬度升高 6.8 个百分点，硫酸盐升高 2.1 个百分点，氯化物升高 0.4 个百分点，耗氧量降低 1.1 个百分点，氨氮降低 13.3 个百分点，氟化物升高 1.2 个百分点，挥发酚升高 3.7 个百分点，硝酸盐升高 8.5 个百分点，亚硝酸盐降低 2.3 个百分点，汞升高 6.2 个百分点，砷降低 5.9 个百分点，镉升高 2.6 个百分点，铬（六价）降低 2.1 个百分点，铅升高 4.8 个百分点，Ⅰ、Ⅱ类百分比变化均在 10 个百分点以内；劣Ⅲ类百分比中，硫酸盐升高 1.1 个百分点，氟化物降低 1.2 个百分点，铅降低 1.2 个百分点；其他无变化。

②综合评价对比

2017—2018 年，全省县级地下饮用水源地中除三门峡义马市水厂 2017 年水质级别为Ⅳ、信阳息县县城集中式地下水饮用水源地 2017 年水质级别为Ⅳ、濮阳范县老城区地下水井群 2017 年水质级别为Ⅳ以及 2018 年水质级别为Ⅳ外，其他地表饮用水源地水质浓度年均值均优于或达到III类标准。

表 2.4-23　2018 年与 2017 年县级地下水源地水质综合评价比较

<table>
<tr><th rowspan="2">上级城市</th><th rowspan="2">城市名称</th><th rowspan="2">水源地名称</th><th colspan="2">2018 年</th><th colspan="2">2017 年</th></tr>
<tr><th>定性级别</th><th>水质类别</th><th>定性级别</th><th>水质类别</th></tr>
<tr><td rowspan="6">郑州</td><td>巩义市</td><td>巩义三水厂地下水井群</td><td>优</td><td>III</td><td>良好</td><td>III</td></tr>
<tr><td rowspan="4">新密市</td><td>五里店水井</td><td>良好</td><td>III</td><td>良好</td><td>III</td></tr>
<tr><td>老城水井</td><td>良好</td><td>III</td><td>良好</td><td>III</td></tr>
<tr><td>西关水井</td><td>良好</td><td>III</td><td>良好</td><td>III</td></tr>
<tr><td>前村水井</td><td>良好</td><td>III</td><td>良好</td><td>III</td></tr>
<tr><td>新郑市</td><td>水厂地下水井群</td><td>优</td><td>III</td><td>优</td><td>III</td></tr>
<tr><td rowspan="5">开封</td><td>杞县</td><td>杞县第二水厂</td><td>优</td><td>III</td><td>优</td><td>III</td></tr>
<tr><td>通许县</td><td>通许县二水厂</td><td>优</td><td>III</td><td>良好</td><td>III</td></tr>
<tr><td rowspan="2">尉氏县</td><td>尉氏县一水厂地下水井群</td><td>优</td><td>III</td><td>良好</td><td>III</td></tr>
<tr><td>尉氏县二水厂</td><td>优</td><td>III</td><td>—</td><td>—</td></tr>
<tr><td>兰考县</td><td>兰考县自来水公司 1 号井</td><td>良好</td><td>III</td><td>良好</td><td>II</td></tr>
<tr><td rowspan="10">洛阳</td><td>孟津县</td><td>李窑-寺河南地下水井群</td><td>良好</td><td>III</td><td>—</td><td>—</td></tr>
<tr><td rowspan="2">新安县</td><td>新安县上河地下水井群</td><td>良好</td><td>III</td><td>良好</td><td>III</td></tr>
<tr><td>新安县南岗地下水井群</td><td>良好</td><td>III</td><td>良好</td><td>III</td></tr>
<tr><td>嵩县</td><td>嵩县伊河玉泉山水厂</td><td>良好</td><td>III</td><td>良好</td><td>III</td></tr>
<tr><td>汝阳县</td><td>汝阳县龙泉自来水公司地下水井群</td><td>优</td><td>II</td><td>优</td><td>II</td></tr>
<tr><td rowspan="3">宜阳县</td><td>宜阳县第一水厂</td><td>良好</td><td>III</td><td>良好</td><td>III</td></tr>
<tr><td>宜阳县第二水厂</td><td>良好</td><td>III</td><td>良好</td><td>III</td></tr>
<tr><td>宜阳县第三水厂</td><td>优</td><td>II</td><td>良好</td><td>III</td></tr>
<tr><td rowspan="2">洛宁县</td><td>洛宁县一水厂</td><td>良好</td><td>III</td><td>良好</td><td>III</td></tr>
<tr><td>洛宁县二水厂</td><td>良好</td><td>III</td><td>良好</td><td>III</td></tr>
</table>

上级城市	城市名称	水源地名称	2018 年		2017 年	
			定性级别	水质类别	定性级别	水质类别
洛阳	伊川县	伊川县平等乡地下水井群	良好	III	—	—
		伊川县南苑水厂地下水井群	良好	III	良好	III
	偃师市	二水厂地下水井群	优	II	优	II
平顶山	叶县	叶县盐都水务地下水井群	良好	III	优	III
		叶县东升洁地下水井群	良好	III	良好	III
	汝州市	汝州市自来水公司	良好	III	良好	III
新乡	原阳县	原阳县水厂地下水井群	优	III	良好	III
	延津县	延津县水厂地下水井群	优	III	优	III
	封丘县	封丘县边庄地下水井群	良好	III	良好	III
	辉县市	段屯地下水井群	优	II	优	II
焦作	温县	温县中张王庄滩地下水井群	优	III	良好	III
	沁阳市	沁阳市地下水井群	良好	III	良好	III
	孟州市	孟州市地下水井群	优	III	良好	III
濮阳	清丰县	八里庄水厂泵房	良好	III	良好	III
	范县	老城区地下水井群	良好	IV	轻度污染	IV
	台前县	县自来水厂	良好	III	良好	III
许昌	鄢陵县	鄢陵县康源公司地下水井群	优	III	良好	III
	长葛市	长葛地下水井群	良好	III	良好	III
漯河	舞阳县	舞阳县城市供水厂配水井	良好	II	良好	II
三门峡	卢氏县	万吨水厂	良好	III	良好	III
		东湾林场水厂	良好	III	优	III
	义马市	义煤集团 450 水厂	良好	III	优	III
		义马市水厂	优	II	良好	IV
	灵宝市	二水厂	良好	III	良好	III
南阳	南召县	南召县黄鸭河	优	III	良好	III
	方城县	方城县贺大庄地下水井群	优	III	良好	II
	内乡县	内乡县凉泉地下水井群	良好	III	优	III
		内乡县湍河地下水井群	良好	III	良好	III
	淅川县	淅川县马家石咀地下水井群	良好	III	良好	III
		淅川县金河地下水井群	优	II	良好	III
		淅川县牛尾山地下水井群	良好	III	良好	III

上级城市	城市名称	水源地名称	2018年		2017年	
			定性级别	水质类别	定性级别	水质类别
南阳	新野县	新野中技铭沣水务有限公司地下水井群	优	Ⅲ	优	Ⅲ
	邓州市	市自来水公司沉砂池	优	Ⅱ	优	Ⅱ
商丘	民权县	一水厂汇水口	良好	Ⅲ	良好	Ⅲ
		二水厂汇水口	良好	Ⅲ	良好	Ⅲ
	睢县	睢县二水厂汇水口	良好	Ⅲ	优	Ⅲ
		睢县三水厂地下水井群	良好	Ⅲ	—	—
	宁陵县	殷楼2号井	优	Ⅲ	优	Ⅱ
	柘城县	后李楼汇水口	良好	Ⅲ	良好	Ⅲ
	虞城县	二水厂汇水口	优	Ⅲ	优	Ⅲ
	夏邑县	一水厂汇水口	良好	Ⅲ	良好	Ⅲ
		夏邑县二水厂地下水井群	良好	Ⅲ	—	—
		夏邑县三水厂地下水井群	良好	Ⅲ	—	—
	永城市	永城市水厂	良好	Ⅲ	良好	Ⅲ
信阳	淮滨县	淮滨县自来水厂	优	Ⅲ	优	Ⅱ
	息县	息县县城集中式地下水饮用水源地	优	Ⅱ	轻度污染	Ⅳ
周口	扶沟县	扶沟县银龙供水有限公司	优	Ⅱ	优	Ⅲ
	西华县	西华县银龙供水有限公司	优	Ⅱ	良好	Ⅱ
	商水县	商水县一水厂	优	Ⅲ	优	Ⅱ
		商水县二水厂	优	Ⅱ	良好	Ⅱ
	沈丘县	沈丘县沙南供水厂	优	Ⅲ	良好	Ⅲ
	郸城县	郸城县一水厂	良好	Ⅲ	优	Ⅲ
		郸城县二水厂	良好	Ⅲ	—	—
	淮阳县	淮阳县自来水公司	优	Ⅱ	良好	Ⅲ
	太康县	太康县水厂	优	Ⅲ	良好	Ⅲ
	鹿邑县	鹿邑县地下饮用水源	良好	Ⅲ	良好	Ⅲ
	项城市	项城市供水厂	良好	Ⅲ	良好	Ⅲ
		项城市自来水公司	优	Ⅲ	良好	Ⅲ

上级城市	城市名称	水源地名称	2018 年		2017 年	
			定性级别	水质类别	定性级别	水质类别
驻马店	西平县	西平县自来水厂周范地下水井群	优	III	优	III
	上蔡县	上蔡县万通供水有限责任公司地下水井群	优	III	优	III
	平舆县	平舆县清源水业有限公司地下水井群	优	III	优	III
	正阳县	看守所东 4#	优	III	良好	III
		真阳井（加气站）	优	III	良好	III
	汝南县	西关井群配水站	优	III	优	III
	遂平县	遂平县莲花湖地下水井群	优	II	优	III
	新蔡县	新蔡县自来水公司	优	III	优	III
		仁和水厂	优	III	优	III
全省			良好	III	良好	III

2.4.2.3 总体评价

（1）省辖市

与上年相比，2018 年全省省辖市饮用水源地水质均达到III类标准。周口由良好变为优，其他 17 个城市的水源地水质级别保持不变。

表 2.4-24 2018 年与 2017 年省辖市饮用水源地水质状况比较

城市名称	2018 年		2017 年	
	P 值	定性级别	*P* 值	定性级别
郑州	0.53	良好	0.52	良好
开封	0.58	良好	0.63	良好
洛阳	0.55	良好	0.55	良好
平顶山	0.46	优	0.47	优
安阳	0.54	良好	0.59	良好
鹤壁	0.43	优	0.45	优

城市名称	2018年		2017年	
	*P*值	定性级别	*P*值	定性级别
新乡	0.51	良好	0.58	良好
焦作	0.60	良好	0.62	良好
濮阳	0.35	优	0.36	优
许昌	0.42	优	0.42	优
漯河	0.63	良好	0.62	良好
三门峡	0.49	优	0.46	优
南阳	0.35	优	0.27	优
商丘	0.61	良好	0.63	良好
信阳	0.43	优	0.43	优
周口	0.50	优	0.51	良好
驻马店	0.42	优	0.40	优
济源	0.60	良好	0.59	良好
全省	0.50	优	0.47	优

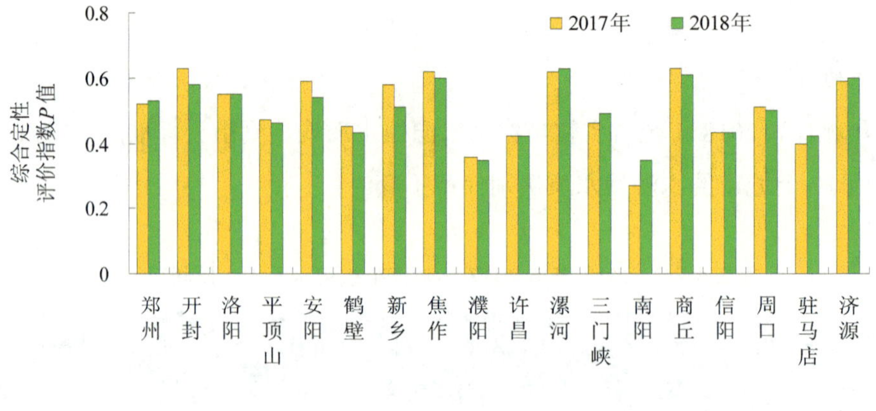

图 2.4-4 2018年与2017年省辖市饮用水源地水质状况

（2）县级城市

与上年相比，2018年全省县级饮用水源地的地下饮用水源地中，在地表饮用水源地中郑州登封市白沙水库的水质级别为Ⅳ，在地下饮用水源地中濮阳范县老城区地下水井群的水质级别为Ⅳ，其他饮用水源地水质均达到Ⅲ类标准。

由良好变为优的有周口淮阳县、南阳南召县、信阳新县、周口西华县、驻马店正阳县、焦作温县、许昌禹州市、周口太康县、焦作孟州市、开封通许县、新乡长垣由、南阳方城县、开封尉氏县、许昌鄢陵县、三门峡义马市、南阳唐河县、周口沈丘县、新乡原阳县、南阳社旗县；由优变为良好的有安阳滑县、平顶山叶县、鹤壁浚县、安阳汤阴县、新乡获嘉县、南阳内乡县、商丘睢县、周口郸城县；由轻度污染变为优的有信阳息县，由轻度污染变为良好的有濮阳范县，其他69个城市的水源地水质级别保持不变。

表2.4-25 2018年与2017年县级饮用水源地水质状况比较

上级城市	城市名称	2018年		2017年	
		*P*值	定性级别	*P*值	定性级别
郑州	中牟县	0.55	良好	0.54	良好
	巩义市	0.54	良好	0.61	良好
	荥阳市	0.42	优	0.42	优
	新密市	0.60	良好	0.73	良好
	新郑市	0.44	优	0.48	优
	登封市	0.70	良好	0.53	良好
开封	杞县	0.48	优	0.48	优
	通许县	0.48	优	0.55	良好
	尉氏县	0.49	优	0.59	良好
	兰考县	0.69	良好	0.60	良好
洛阳	孟津县	0.56	良好	0.51	良好
	新安县	0.65	良好	0.62	良好
	栾川县	0.46	优	0.45	优
	嵩县	0.60	良好	0.58	良好
	汝阳县	0.38	优	0.41	优
	宜阳县	0.61	良好	0.65	良好
	洛宁县	0.68	良好	0.69	良好
	伊川县	0.62	良好	0.58	良好
	偃师市	0.43	优	0.43	优

上级城市	城市名称	2018年		2017年	
		P值	定性级别	P值	定性级别
平顶山	宝丰县	0.48	优	0.48	优
	叶县	0.52	良好	0.50	优
	郏县	0.52	良好	0.51	良好
	舞钢市	0.59	良好	0.58	良好
	汝州市	0.57	良好	0.55	良好
安阳	汤阴县	0.55	良好	0.43	优
	滑县	0.51	良好	0.50	优
	林州市	0.42	优	0.45	优
鹤壁	浚县	0.54	良好	0.40	优
	淇县	0.38	优	0.41	优
新乡	获嘉县	0.58	良好	0.50	优
	原阳县	0.50	优	0.57	良好
	延津县	0.40	优	0.50	优
	封丘县	0.63	良好	0.71	良好
	长垣县	0.48	优	0.52	良好
	卫辉市	0.52	良好	0.58	良好
	辉县市	0.42	优	0.42	优
焦作	修武县	0.65	良好	0.60	良好
	博爱县	0.70	良好	0.69	良好
	温县	0.43	优	0.56	良好
	沁阳市	0.63	良好	0.53	良好
	孟州市	0.46	优	0.51	良好
濮阳	清丰县	0.62	良好	0.62	良好
	范县	0.77	良好	0.84	轻度污染
	台前县	0.69	良好	0.64	良好
许昌	鄢陵县	0.49	优	0.55	良好
	襄城县	0.61	良好	0.57	良好
	禹州市	0.44	优	0.59	良好
	长葛市	0.64	良好	0.60	良好

上级城市	城市名称	2018 年		2017 年	
		P 值	定性级别	*P* 值	定性级别
漯河	舞阳县	0.72	良好	0.72	良好
	临颍县	0.49	优	0.49	优
三门峡	渑池县	0.66	良好	0.52	良好
	卢氏县	0.57	良好	0.51	良好
	义马市	0.49	优	0.60	良好
	灵宝市	0.65	良好	0.58	良好
南阳	南召县	0.38	优	0.54	良好
	方城县	0.48	优	0.72	良好
	西峡县	0.61	良好	0.64	良好
	镇平县	0.53	良好	0.56	良好
	内乡县	0.61	良好	0.50	优
	淅川县	0.51	良好	0.52	良好
	社旗县	0.50	优	0.56	良好
	唐河县	0.49	优	0.53	良好
	新野县	0.36	优	0.42	优
	桐柏县	0.58	良好	0.56	良好
	邓州市	0.43	优	0.34	优
商丘	民权县	0.63	良好	0.56	良好
	睢县	0.61	良好	0.48	优
	宁陵县	0.49	优	0.44	优
	柘城县	0.58	良好	0.69	良好
	虞城县	0.44	优	0.43	优
	夏邑县	0.69	良好	0.70	良好
	永城市	0.66	良好	0.68	良好
信阳	罗山县	0.52	良好	0.59	良好
	光山县	0.68	良好	0.57	良好
	新县	0.42	优	0.60	良好
	商城县	0.56	良好	0.54	良好
	固始县	0.51	良好	0.54	良好

上级城市	城市名称	2018年		2017年	
		P值	定性级别	P值	定性级别
信阳	潢川县	0.55	良好	0.58	良好
	淮滨县	0.41	优	0.37	优
	息县	0.49	优	1.32	轻度污染
周口	扶沟县	0.36	优	0.42	优
	西华县	0.42	优	0.62	良好
	商水县	0.37	优	0.44	优
	沈丘县	0.49	优	0.62	良好
	郸城县	0.62	良好	0.50	优
	淮阳县	0.37	优	0.52	良好
	太康县	0.45	优	0.60	良好
	鹿邑县	0.61	良好	0.72	良好
	项城市	0.52	良好	0.65	良好
驻马店	西平县	0.40	优	0.49	优
	上蔡县	0.37	优	0.36	优
	平舆县	0.36	优	0.36	优
	正阳县	0.42	优	0.56	良好
	确山县	0.54	良好	0.51	良好
	泌阳县	0.60	良好	0.53	良好
	汝南县	0.49	优	0.43	优
	遂平县	0.41	优	0.46	优
	新蔡县	0.47	优	0.37	优
全省		0.53	良好	0.55	良好

2.4.3 原因分析

2018年，全省省辖市饮用水源地浓度年均值评价水质级别为优。18个省辖市水质级别：9个为优，9个良好。主要原因如下：

2.4.3.1 进一步加强饮用水源保护区的监督管理

地表水饮用水源各级保护区内，禁止任何企业事业单位和个人向水体排放油类、酸类、碱液或者剧毒废液；禁止在水体清洗装贮过油类或者有毒污染物的车辆和容器；禁止向水体排放、倾倒含有汞、镉、砷、镉、铅、氢化物、黄磷等可溶性剧毒废渣；禁止向水体排放、倾倒工业废渣、城市垃圾、放射性废弃物和其他废弃物；禁止向水体排放含有病原体和高、中放射性的废水；禁止在最高水位线以下的滩地和岸坡堆放、存贮固体废弃物和其他污染物。地表水饮用水源一级保护区内，禁止任何企业事业单位和个人设置排污口；禁止新建、改建、扩建与供水设施和保护水源无关的建设项目；已建成的建设项目应责令拆除或关闭；禁止从事网箱养殖、旅游、游泳、垂钓或者其他可能污染饮用水水体的活动。地表水饮用水源二级保护区内，禁止任何企业事业单位和个人设置排污口；禁止新建、改建、扩建排放污染物的建设项目；已建成的排放污染物的建设项目应责令拆除或关闭；从事网箱养殖、旅游等活动的，应采取措施防止污染饮用水水体。地表水饮用水源准保护区内，禁止新建、扩建对水体污染严重的建设项目；改建项目不得增加排污量。

地下水饮用水源保护区内，禁止任何企业事业单位和个人利用渗井、渗坑、裂隙和溶洞排放、倾倒含有毒污染物的废水、含病原体的污水和其他废弃物；禁止利用无防渗措施的沟渠、坑塘等输送或者存贮含有毒污染物的废水、含病原体的污水和其他废弃物。

2.4.3.2 开展集中式饮用水源地环境保护专项行动

自 2018 年全国开展集中式饮用水源地环境保护专项行动以来，河南省高度重视，按照国家各项要求，组织各地全面开展自查，制订专项行动方案，先后召开 2 次现场推进会、3 次视频会，开展多次暗访、督查，并采取周调度、月通报等方式，强力推进整治工作，取得阶段性成效。

2.5 城市声环境质量

2.5.1 现状评价

2.5.1.1 城市区域声环境

2018 年，全省 18 个省辖市开展了城市区域噪声监测，有效测点数为 7 076 个。全省城市区域噪声昼间平均等效声级为 54.1 dB（A），为较好，夜间平均等效声级为 45.5 dB（A），为一般。

省辖市城市昼间区域噪声平均等效声级范围为 50.0～57.2 dB（A），周口平均等效声级为 50.0 dB(A)，级别为好，占监测城市的 5.6%；11 个城市平均等效声级低于 55 dB（A），级别为较好，分别是济源、濮阳、开封、新乡、洛阳、三门峡、信阳、安阳、焦作、平顶山、漯河，占监测城市的 61.1%；6 个城市平均等效声级为 55.2～57.2 dB（A），级别为一般，分别是南阳、郑州、鹤壁、许昌、驻马店、商丘，占监测城市的 33.3%。

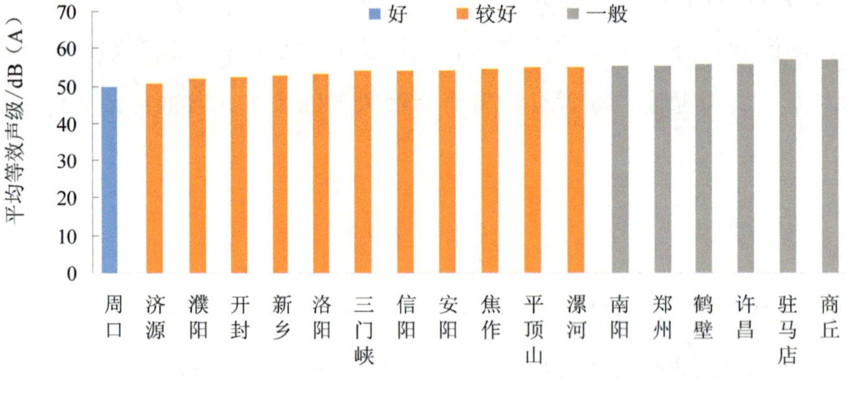

图 2.5-1 2018 年城市区域噪声昼间平均等效声级比较

省辖市城市夜间区域噪声平均等效声级范围为 42.0～50.2 dB（A），8 个城市平均等效声级低于 45 dB（A），级别为较好，分别是濮阳、洛阳、开封、三门峡、鹤壁、安阳、信阳、新乡，占监测城市的 44.4%；9 个城市平均等效声级为 45.2～48.6 dB（A），级别为一般，分别是周口、济源、许昌、南阳、平顶山、商丘、漯河、焦作、郑州，占监测城市的 50.0%；驻马店平均等效声级为 50.2 dB（A），级别为较差，占监测城市的 5.6%。

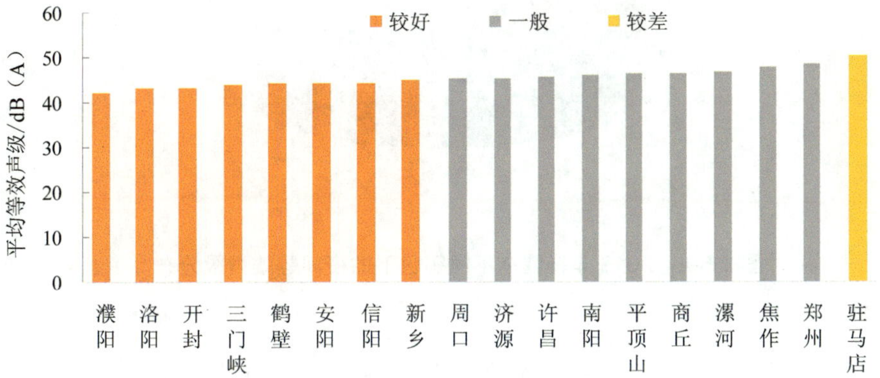

图 2.5-2 2018 年城市区域噪声夜间平均等效声级比较

全省城市区域环境噪声监测的网格覆盖面积共 1 020.7 km^2，覆盖人口总数为 1 261.1 万人。

昼间，全省有 64.2 万人口生活在声环境质量为好的城市区域，区域面积为 148.3 km^2；123 万人口生活在声环境质量为较好的城市区域，区域面积为 498.9 km^2；111.3 万人口生活在声环境质量为一般的城市区域，区域面积为 294.7 km^2；17.9 万人口生活在声环境质量为较差的城市区域，区域面积为 54.7 km^2；5.8 万人口生活在声环境质量为差的城市区域，区域面积为 24.2 km^2。

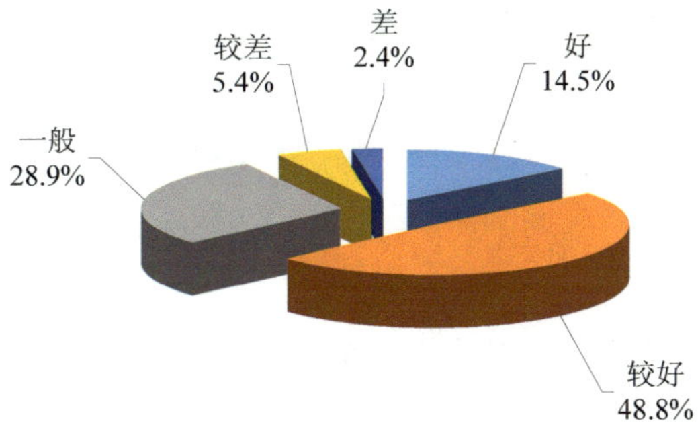

图 2.5-3 2018 年暴露在不同等级下的昼间等效声级分布

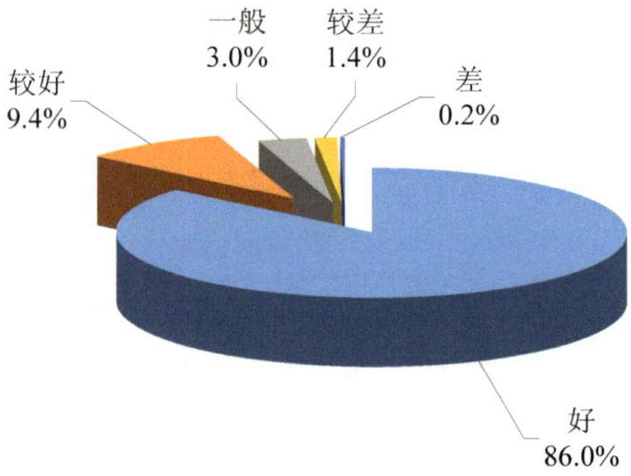

图 2.5-4　2018 年暴露在不同等级下的夜间等效声级分布

夜间，全省有 271.8 万人口生活在声环境质量为好的城市区域，区域面积为 872.8 km^2；30.5 万人口生活在声环境质量为较好的城市区域，区域面积为 95.8 km^2；8.9 万人口生活在声环境质量为一般的城市区域，区域面积为 30.3 km^2；3.6 万人口生活在声环境质量为较差的城市区域，区域面积为 13.8 km^2；0.8 万人口生活在声环境质量为差的城市区域，区域面积为 1.5 km^2。

2018 年河南省声源构成表明，生活噪声影响范围最广，占 58.7%；交通、工业和其他噪声源影响范围不大，分别占 16.2%、10.8%和 11.3%；施工噪声源影响范围较小，占 2.9%。

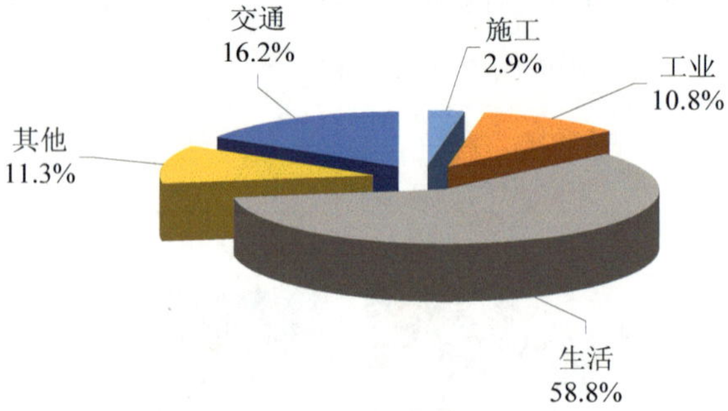

图 2.5-5　2018 年河南省区域声源构成情况

昼间平均等效声级，交通噪声声源强度最大，为 55.9 dB（A），其次是工业、其他、生活和施工噪声，分别为 54.8 dB（A）、54 dB（A）、53.5 dB（A）和 53.4 dB（A）；夜间平均等效声级，交通噪声声源强度最大，为 47.5 dB（A），其次是工业、施工、其他和生活噪声，分别为 46.6 dB（A）、46.2 dB（A）、44.9 dB（A）和 44.6 dB（A）。

2.5.1.2 城市功能区声环境

全省 18 个省辖市开展了城市功能区噪声监测，共监测 85 个点位。全省城市功能区噪声定期监测的测点达标率为68.5%。各功能区达标情况为：工业区、混合区达标情况较好，测点达标率分别为 89.4%、76.6%，居民文教区、交通干线两侧和特殊住宅区测点达标率依次为 70.1%、68.8%和 37.5%。

从时间段分析，昼间功能区噪声质量好于夜间。昼间功能区测点达标率为 79.9%，夜间为 57%。昼间各功能区测点达标率从高到低依次为：工业区、交通干线两侧、混合区、居民文教区、特殊住宅区；夜间各功能区测点达标率从高到低依次为：工业区、混合区、居民文教区、交通干线两侧和特殊住宅区。

从各城市来看，功能区声环境质量较好的城市有濮阳、南阳、周口、开封、商丘、许昌、信阳、洛阳、漯河、济源，测点达标率均超过 80%；焦作、新乡、驻马店、鹤壁、安阳、三门峡 6 市达标率在 60%～80%；平顶山、郑州达标率不及 60%，超标现象严重。

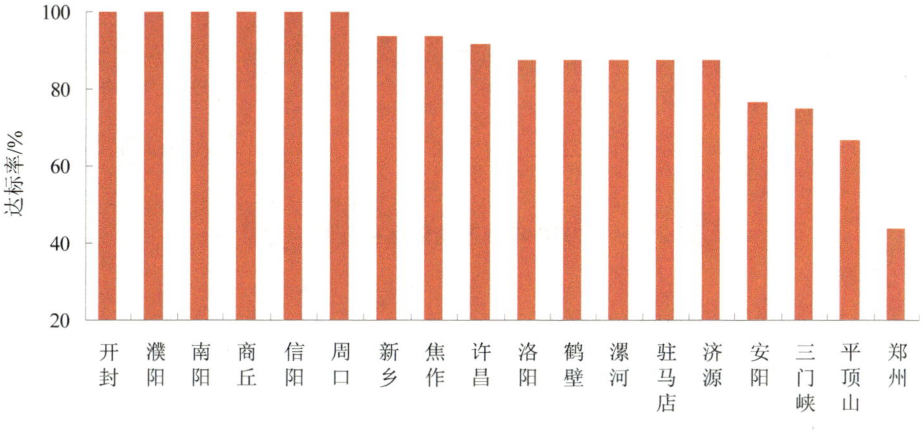

图 2.5-6 2018 年城市功能区昼间噪声达标率排序

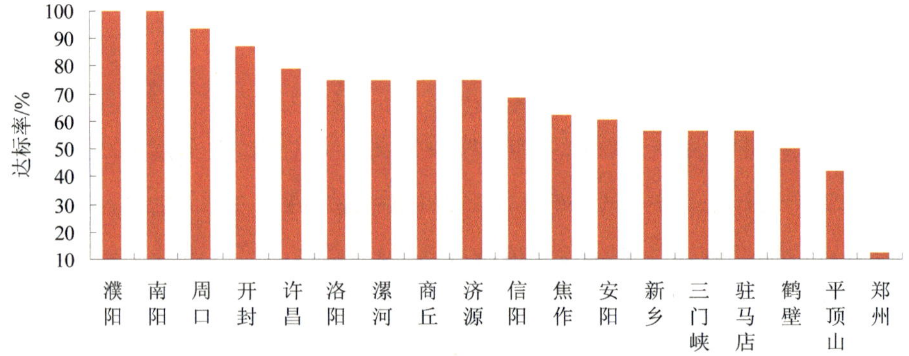

图 2.5-7　2018 年城市功能区夜间噪声达标率排序

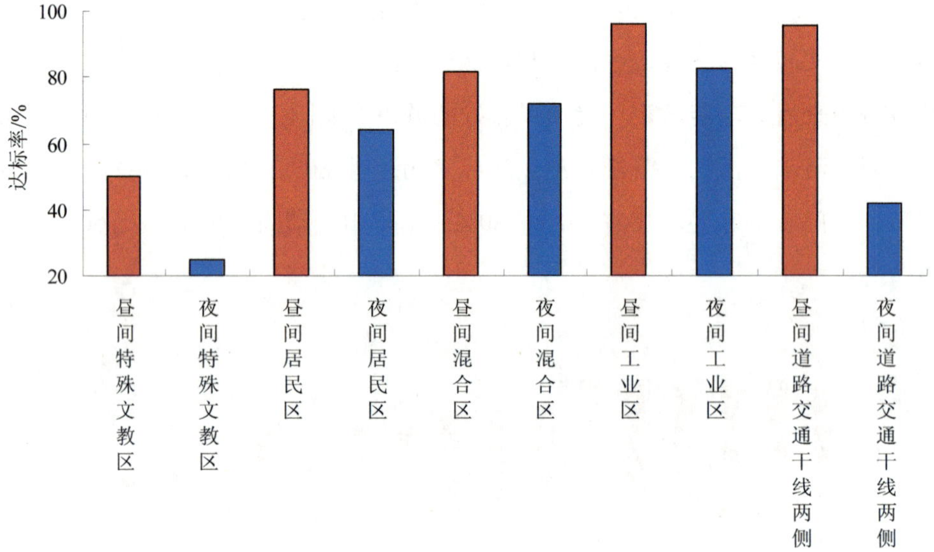

图 2.5-8　2018 年城市功能区昼夜噪声达标率

2.5.1.3　城市道路交通声环境

全省 18 个省辖市开展了城市道路交通噪声监测，共监测路段长度约 4 017.2 km。各省辖市交通干线昼间车流量在 695.7～2 936.3 辆/h，平均等效声级在 61.1～69.5 dB（A），其中，1 231.0 km 路段等效声级符合交通干线两侧（4 类）昼间标准，占 86.8%；夜间车流量在 202.3～1 455.9 辆/h，平均等效声级在 52.0～63.4 dB（A），其中，1 840.4 km 路段等效声级符合交通干线两侧（4 类）昼间标准，占 70.8%。

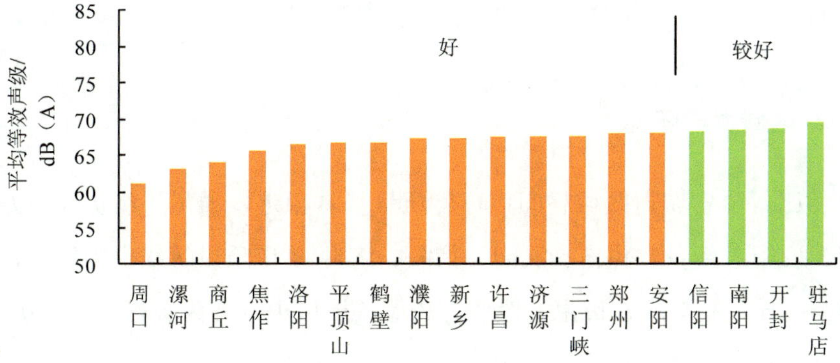

图 2.5-9 2018 年夜间年城市道路交通噪声平均等效声级

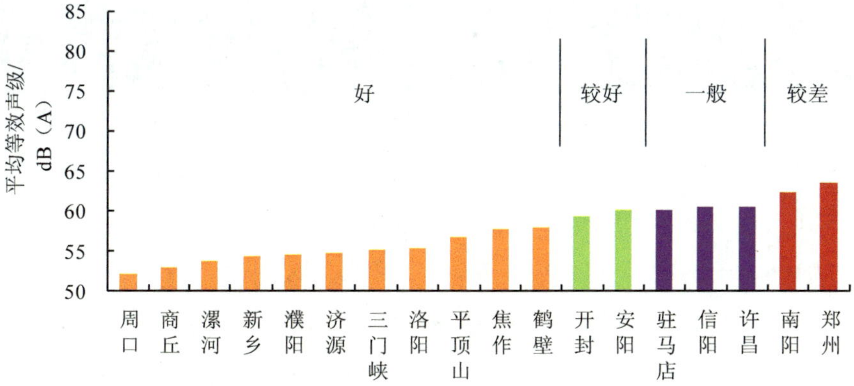

图 2.5-10 2018 年夜间年城市道路交通噪声平均等效声级

城市道路交通噪声昼间平均等效声级级别为好。其中级别为好的有 14 个城市：周口、漯河、商丘、焦作、洛阳、平顶山、鹤壁、濮阳、新乡、许昌、济源、三门峡、郑州、安阳；级别为较好的有 4 个城市：信阳、南阳、开封、驻马店。

城市道路交通噪声夜间平均等效声级级别为好。其中级别为好的有 11 个城市：周口、商丘、漯河、新乡、濮阳、济源、三门峡、洛阳、平顶山、焦作、鹤壁；级别为较好的有 2 个城市：开封、安阳；级别为一般的有 3 个城市：驻马店、信阳、许昌；级别为较差的有 2 个城市：南阳、郑州。

2.5.2 对比分析

2.5.2.1 城市区域噪声环境对比

与上年相比，全省城市区域昼间声环境质量基本稳定，质量等级仍为较好。其中开封、洛阳、安阳、新乡、焦作、濮阳、信阳、济源 8 市质量等级仍为较好，鹤壁、许昌、南阳、商丘、驻马店 5 市由一般变为较好，周口由好变为较好，郑州仍为一般，平顶山、漯河、三门峡 3 市由较好变为一般。

表 2.5-1 2018 年与 2017 年城市建成区昼间噪声平均等效声级比较

单位：dB（A）

城市名称	2018 年		2017 年		城市名称	2018 年		2017 年	
	L_{eq}	级别	L_{eq}	级别		L_{eq}	级别	L_{eq}	级别
郑州	55.6	一般	56.3	一般	许昌	55.7	一般	54.6	较好
开封	52.3	较好	53.0	较好	漯河	54.9	较好	55.5	一般
洛阳	53.1	较好	53.0	较好	三门峡	54.0	较好	55.2	一般
平顶山	54.9	较好	55.1	一般	南阳	55.2	一般	54.1	较好
安阳	54.3	较好	53.7	较好	商丘	57.2	一般	52.0	较好
鹤壁	55.7	一般	51.2	较好	信阳	54.2	较好	53.6	较好
新乡	53.0	较好	54.9	较好	周口	50.0	好	50.9	较好
焦作	54.6	较好	53.8	较好	驻马店	57.0	一般	53.7	较好
濮阳	51.8	较好	52.0	较好	济源	50.6	较好	53.2	较好
全省	54.1	较好	53.6	较好					

全省声源结构未见明显变化，影响范围最广的噪声源仍是生活噪声。交通噪声、工业噪声强度较高，与上一年相比，强度分别增加 1.7 dB（A）、0.1 dB（A），其他噪声强度增加 0.7 dB（A），生活噪声强度减少 0.1 dB（A），施工噪声强度减少 1.3 dB（A）。

2.5.2.2 城市功能区声环境对比

与上年相比，全省城市功能区噪声测点达标率下降 1.1 个百分点，其中特殊住宅区域达标率增加 12.5 个百分点，混合区域达标率降低 6.6 个百分点，其他功能区变化不大。

三门峡、驻马店 2 市功能区声环境质量比 2017 年有所改善，达标率分别升高 15.6、12.5 个百分点；平顶山、漯河、济源 3 市功能区声环境质量比 2017 年有所下降，达标率分别下降 11.5、16.9、17.3 个百分点；其他 13 个城市与 2017 年基本持平。

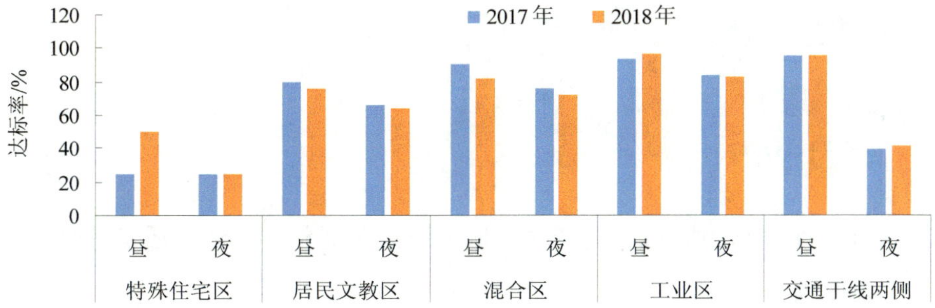

图 2.5-11 2018 年与 2017 年各功能区昼夜间噪声达标率比较

2.5.2.3 道路交通噪声环境对比

与上年相比，全省道路交通干线两侧昼间声环境质量基本稳定，质量等级仍为好。其中郑州、洛阳、平顶山、鹤壁、焦作、濮阳、许昌、漯河、三门峡、商丘、周口、济源 12 市质量等级仍为好，开封质量等级仍为较好，南阳、信阳 2 市由较好变为好，安阳、新乡 2 市由好变为较好，驻马店由较好变为差。

表 2.5-2 2018 年与 2017 年城市昼间道路交通环境噪声比较

单位：dB（A）

城市名称	2018 年		2017 年		城市名称	2018 年		2017 年	
	L_{eq}	级别	L_{eq}	级别		L_{eq}	级别	L_{eq}	级别
郑州	68.0	好	67.8	好	许昌	67.5	好	66.8	好
开封	68.7	较好	69.2	较好	漯河	63.1	好	65.5	好
洛阳	66.5	好	66.5	好	三门峡	67.7	好	67.0	好
平顶山	66.6	好	63.6	好	南阳	68.4	较好	66.0	好
安阳	68.0	好	68.1	较好	商丘	64.1	好	64.3	好

城市名称	2018年		2017年		城市名称	2018年		2017年	
	L_{eq}	级别	L_{eq}	级别		L_{eq}	级别	L_{eq}	级别
鹤壁	66.8	好	66.6	好	信阳	68.2	较好	66.6	好
新乡	67.4	好	68.1	较好	周口	61.1	好	59.6	好
焦作	65.6	好	67.5	好	驻马店	69.5	较好	80.9	差
濮阳	67.3	好	66.7	好	济源	67.6	好	65.1	好
全省	66.7	好	66.9	好					

2.5.3 原因分析

2018年，全省城市区域、功能区、城市道路交通整体声环境质量继续保持较好状态，其主要原因是：

（1）加强道路建设和机动车管理，缓解交通噪声污染。

（2）在城市市区噪声敏感建筑物集中区域，除特殊情况，禁止夜间进行产生环境噪声污染的建筑施工作业，对施工噪声及企业工业噪声管理力度加大，严格控制点源噪声排放时段，最大限度地减少建筑施工噪声的影响。

（3）各级政府重视控制噪声的法规建设，加大城市噪声管理力度，保证市民良好的生活环境。

（4）通过城市创建工作，提高各地政府对于噪声防治的重视程度，运用行政、法律手段加强管理。

（5）各级政府加大了噪声扰民危害的宣传教育，通过“六五”环境日创模活动引导市民的日常行为，市民素质日益提高，社会普遍重视，有力地促进了噪声污染的防治。

2.6 生态环境质量

2.6.1 生态环境状况

2017年，河南省生态环境状况指数（EI）值为53.6，生态环境质量等级为“一般”。

2.6.1.1 省辖市生态环境状况评价

根据《生态环境状况评价技术规范》（HJ 192—2015）对全省及各省辖市生态环境质量状况进行评价。

表 2.6-1 2017 年河南省省辖市生态环境状况等级

城市	EI	生态环境质量类型	城市	EI	生态环境质量类型
郑州	45.3	一般	许昌	51.3	一般
开封	49.2	一般	漯河	55.0	良
洛阳	63.1	良	三门峡	71.7	良
平顶山	54.1	一般	南阳	58.4	良
安阳	49.8	一般	商丘	51.7	一般
鹤壁	55.6	良	信阳	63.1	良
新乡	49.9	一般	周口	48.3	一般
焦作	52.6	一般	驻马店	55.6	良
濮阳	50.8	一般	济源	63.1	良

以省辖市为评价单元，全省生态环境状况共分为 2 个等级，即“良”和“一般”，分别占河南省总面积的55.8%、44.2%，评价体系中所指的“优”“较差”和“差”类在河南省没有出现。

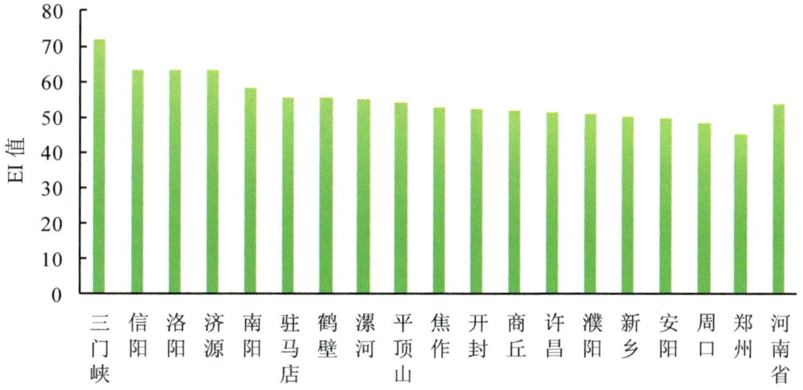

图 2.6-1 2017 年河南省省辖市生态环境状况指数柱状图

2.6.1.2 省辖市生态环境状况分析

（1）生态环境状况空间分布特征

河南省生态环境质量等级为“良”的省辖市主要分布在豫西、豫南的山地丘陵区，约占全省总面积的 55.8%；等级为“一般”的省辖市主要分布在黄淮海平原地区，约占全省总面积的 44.2%。

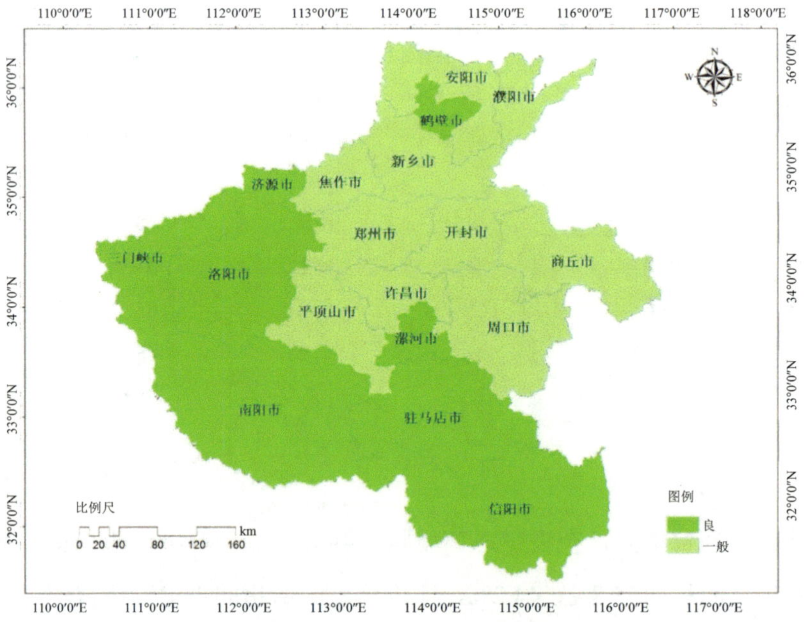

图 2.6-2 2017 年河南省省辖市生态环境质量状况等级空间分布

（2）生态环境状况类型的人口比

根据生态环境状况分类级别，计算出河南省各生态环境质量类型的人口百分比，其中，生态环境质量等级为“良”的省辖市人口占全省总人口的 40%，等级为“一般”的省辖市人口占全省总人口的 60%。

（3）生态环境状况类型的国内生产总值（GDP）比

根据生态环境状况分类级别，计算出河南省各生态环境质量类型的 GDP 比，其中，生态环境质量等级为“良”的省辖市 GDP 占全省 GDP 总量的 35.9%，等级为“一般”的省辖市 GDP 占全省 GDP 总量的 64.1%。

从空间、人口、经济三个方面来看，生态环境质量等级为“一般”的省辖市与等级为“良”的省辖市相比，人口相对较密集，经济所占的比重较大。2017 年生态环境质量等级为“良”的省辖市经济密度为 1 734.3 万元/km^2，人口密度为 469 人/km^2；生态环境质量等级为“一般”的省辖市经济密度为 3 911 万元/km^2，人口密度为 888 人/km^2。生态环境质量等级为“一般”的省辖市每平方千米比生态环境质量等级为“良”的省辖市多 419 人，经济密度多 2 177 万元，生态环境质量等级为“一般”的省辖市经济密度、人口密度分别是等级为“良”的省辖市的 2.3 倍、1.8 倍。

2.6.2 对比分析

对比分析 2017 年与 2016 年河南省各省辖市生态环境状况指数（EI）值的变化情况，并依据生态环境状况变化幅度分类标准划分等级。全省 EI 值从 2016 年的 51.6 变化为 2017 年的 53.4，上升了 1.8，属略微变好。省辖市 5 个明显变好，5 个略微变好，3 个无明显变化，3 个略微变差，焦作市下降最多，为 2.8，商丘市上升最多，为 6.7。

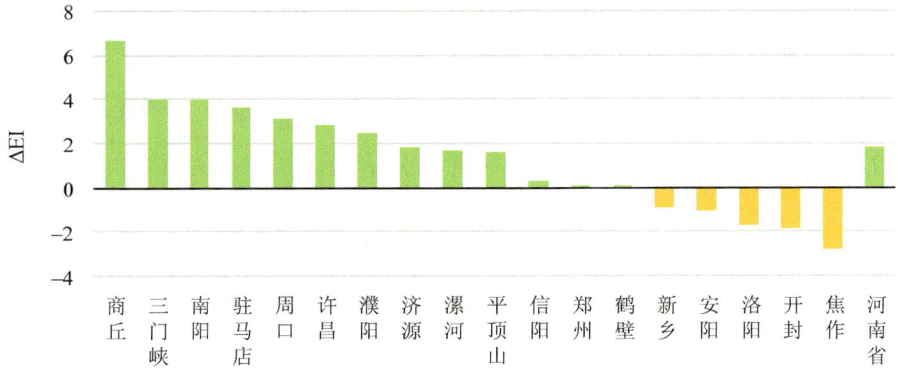

图 2.6-3　2017 年与 2016 年全省生态环境质量变化幅度

2.7 农村环境质量

2.7.1 现状评价

2.7.1.1 农村环境状况评价

（1）村庄环境空气质量评价

2018 年共监测 78 个村庄，有效监测天数 1 560 天，其中 AQI 达标天数为 1 497 天，达标率为 96%，主要超标污染物为 PM_{10}、NO_2。

（2）村庄饮用水源地水质评价

①地表水饮用水源地水质评价

2018 年全省监测了 15 个村庄地表水饮用水源地水质，共监测了 60 次，达标次数为 51 次，水质达标率为 85%，主要超标污染物为总磷。

②地下水饮用水源地水质评价

2018 年全省监测了 63 个村庄地下水饮用水源地水质，共监测了 252 次，达标次数为 219 次，水质达标率为 86.9%，主要超标污染物为氨氮、亚硝酸盐氮、磷酸盐等。

③村庄周边土壤环境质量评价

2018 年全省共监测村庄周边土壤 168 个点位，165 个点位土壤监测结果均低于风险筛选值，168 个点位土壤监测结果均低于风险管制值。

④县域地表水水质评价

2018 年全省监测了 60 个县域地表水断面，共监测了 240 次，达标次数为 147 次，水质达标率为 61.3%，主要超标污染物为总磷、氨氮、高锰酸盐指数等。

依据《农村环境质量综合评价技术规定》进行评价，2018 年，河南省农村环境状况指数为 82.0，环境状况分级为良。其中，4 个县的农村环境状况为优，占全省监测的 26 个县（区）的 15.4%；17 个县的农村环境状况为良，占全省监测的 26 个县（区）的 65.4%；5 个县的农村环境状况为一般，占全省监测的 26 个县（区）的 19.2%。

2.7.1.2 农村生态状况评价

2018 年，河南省农村生态状况指数为 43.0，分级为一般。其中，4 个县的农村生态状况为良，占全省监测的 25 个县的 16%；12 个县的农村生态状况一般，占全省监测的 25 个县的 48%；9 个县的农村生态状况为较差，占全省监测的 25 个县的 36%。

2.7.1.3 农村生态环境质量综合评价

2018 年，河南省农村环境质量综合状况指数为 66.6，分级为一般。其中，8 个县为良，占全省监测的 25 个县的 32%；17 个县为一般，占全省监测的 25 个县的 68%。

2.7.2 对比分析

2018 年与 2017 年相比，18 个省辖市 22 个县（2018 年的新增县除外）农村环境状况指数变化值（ΔI_{env}）范围为−4.5～13.1，无明显变化所占的比例为 54.5%，略微变化所占的比例为 18.2%，明显变化所占的比例为 27.3%。

表 2.7-1 各县域农村环境状况变化度分级统计表

变化度	县域	变化情况
无明显变化	登封市、栾川县、辉县市、南乐县、临颍县、内乡县、淅川县、宁陵县、新县、沈丘县、济源市、邓州市	无明显变化
略微变化	尉氏县、安阳县、卢氏县、商城县	均略微变好
明显变化	鲁山县、浚县、修武县、鄢陵县、西峡县、遂平县	均明显变好

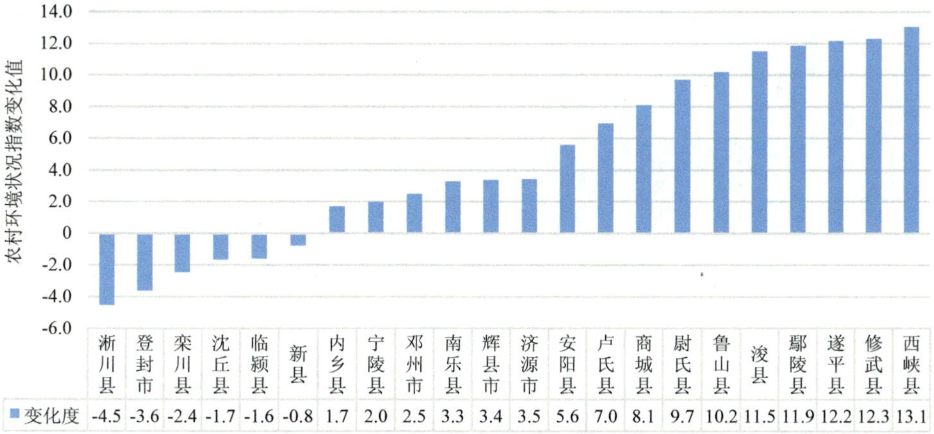

图 2.7-1 各县域农村环境状况变化度

2018 年与 2017 年相比，18 个省辖市 22 个县（2018 年的新增县除外）农村生态状况指数变化值（ΔI_{eco}）范围为−2.6～9.0，无明显变化所占的比例为 18.2%，略微变化所占的比例为 50%，明显变化所占的比例为 22.7%，显著变化所占的比例为 9.1%。

表 2.7-2 各县域农村生态状况变化度分级统计表

变化度	县域	变化情况
无明显变化	修武县、鲁山县、济源市、登封市	无明显变化
略微变化	邓州市、浚县、辉县市、沈丘县、南乐县、鄢陵县、临颍县、安阳县、新县、淅川县、栾川县	仅有辉县市、安阳县、新县、淅川县略微变差
明显变化	尉氏县、宁陵县、商城县、遂平县、卢氏县	均明显变好
显著变化	内乡县、西峡县	均显著变好

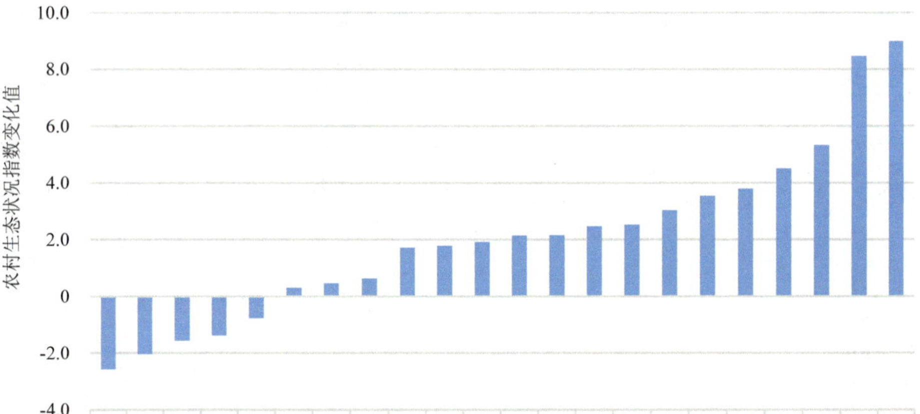

	淅川县	新县	辉县市	安阳县	鲁山县	修武县	济源市	登封市	浚县	临颍县	栾川县	鄢陵县	南乐县	邓州市	沈丘县	商城县	尉氏县	遂平县	宁陵县	卢氏县	西峡县	内乡县
■变化度	-2.6	-2.0	-1.6	-1.4	-0.8	0.3	0.5	0.6	1.7	1.8	1.9	2.1	2.2	2.5	2.5	3.0	3.6	3.8	4.5	5.3	8.5	9.0

图 2.7-2 各县域农村生态状况变化度

2018 年与 2017 年相比，18 个省辖市 22 个县（2018 年的新增县除外）农村生态环境质量综合指数变化值（ΔRQI）范围为−4.5～9.2，农村生态环境质量综合状况无明显变化的县域所占的比例为 31.8%，略微变化所占的比例为 40.9%，明显变化所占的比例为 27.3%。

表 2.7-3 农村环境质量综合状况变化度分级统计表

变化度	县域	变化情况
无明显变化	登封市、栾川县、南乐县、临颍县、新县、沈丘县、济源市	无明显变化
略微变化	安阳县、辉县市、修武县、卢氏县、内乡县、淅川县、宁陵县、商城县、邓州市	仅有淅川县略微变差
明显变化	尉氏县、鲁山县、浚县、鄢陵县、西峡县、遂平县	均明显变好

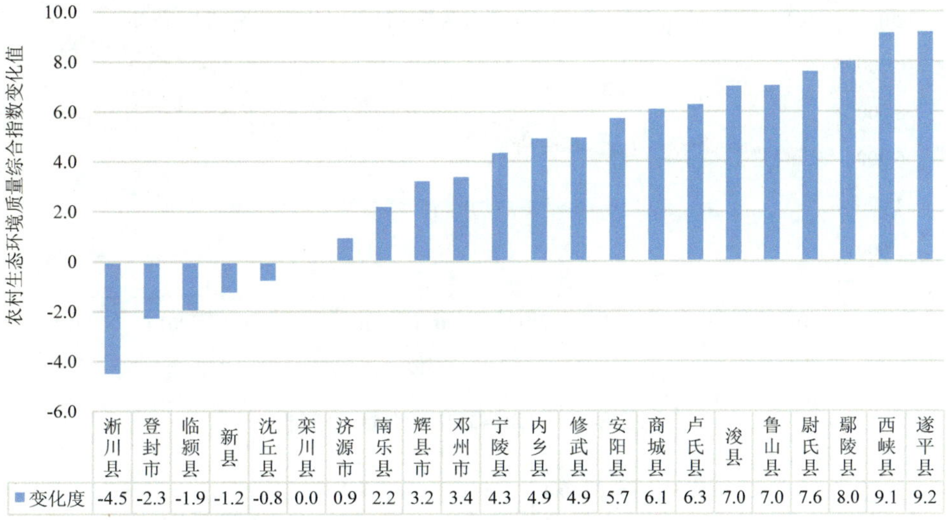

图 2.7-3 各县域农村环境质量综合状况变化度

2.8 辐射环境质量

2.8.1 电离辐射环境

2.8.1.1 概况

（1）放射源使用情况

截至 2018 年年底，全省辐射工作单位 5 179 家，其中，涉及密封放射源的单位 746 家，涉及开放性放射性同位素单位 116 家，射线装置 4 533 家（有重复使用两种以上的单位）。Ⅱ类射线装置 667 家，Ⅲ类射线装置 4 068 家（有重复使用的单位）。

目前，全省共存有放射源 7 956 枚，其中：Ⅰ类放射源 534 枚，Ⅱ类放射源 812 枚，Ⅲ类放射源 120 枚，Ⅳ类放射源 2 662 枚，Ⅴ类放射源 3 738 枚，分类不明放射源 90 枚。全省使用的放射源核素种类共 40 种，放射源数量排名前六的核素占放射源总数量的 94.7%，铯-137（4 116 枚），钴-60（1 773 枚），镅-241（997 枚），氪-85（359 枚），锶-90（150 枚），镅-铍（141 枚）。

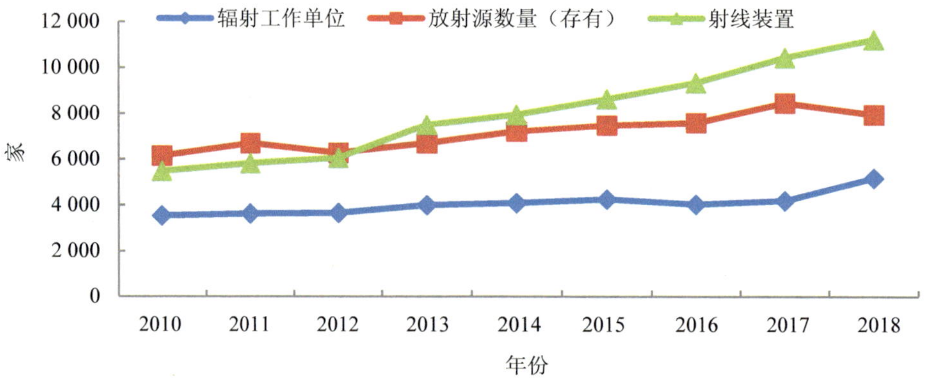

图 2.8-1 河南省辐射行业情况统计

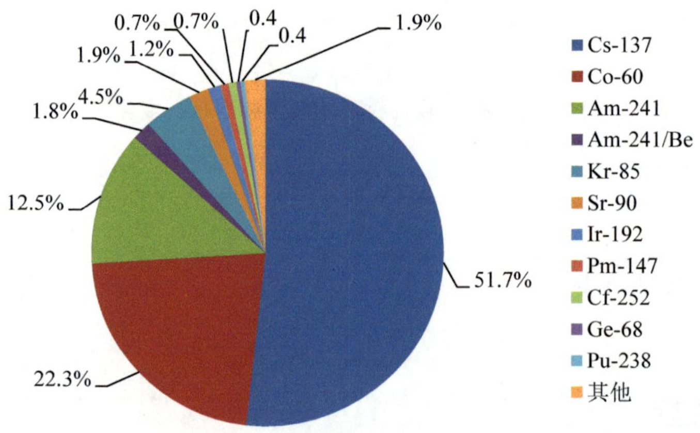

图 2.8-2 河南省放射源核素分布

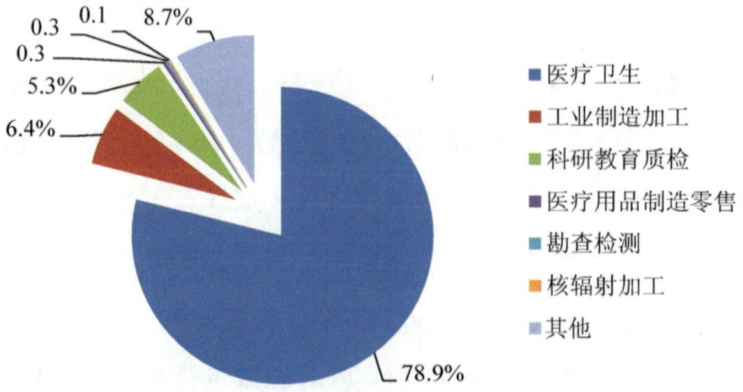

图 2.8-3 河南省射线装置行业分布

（2）射线装置使用情况

2018 年，河南省射线装置共计 11 225 台。

（3）电磁环境情况

目前，河南省 110 kV 及以上变电站 1 290 座，变电容量 23 446 万 kV·A，线路长度 51 337 km；全省移动通信基站现有 246 946 个，广电发射塔、气象雷达等大型电磁设备设施约 300 台（套）。

（4）辐射应急

2018 年，通过采取有效措施，加强辐射安全监管，改善了辐射安全形势，全省未发生辐射安全事故。

2.8.1.2 电离辐射环境质量状况

通过对全省γ辐射空气吸收剂量率、沉降物、水体中放射性核素浓度、土壤中天然放射性核素浓度进行的监测，结果显示，2018 年，河南省的电离辐射环境质量仍然保持在天然本底水平。

表 2.8-1 2018 年河南省辐射环境质量测量信息统计

序号	城市	测量项目
1	郑州	γ辐射剂量率、累积剂量、电磁辐射（自动站）、水体（总α、总β、U、Th、^{226}Ra、^{90}Sr、^{137}Cs）、土壤γ核素、气溶胶、室外氡、城市饮用水、地下水
2	开封	γ辐射剂量率、γ辐射剂量率（自动站）、电磁辐射（自动站）、城市饮用水、土壤γ核素、累积剂量
3	洛阳	γ辐射剂量率、γ辐射剂量率（自动站）、电磁辐射（自动站）、气溶胶、城市饮用水、土壤γ核素、累积剂量
4	平顶山	γ辐射剂量率、γ辐射剂量率（自动站）、电磁辐射（自动站）、城市饮用水、土壤γ核素、累积剂量
5	安阳	γ辐射剂量率、γ辐射剂量率（自动站）、电磁辐射（自动站）、城市饮用水、土壤γ核素、累积剂量
6	鹤壁	γ辐射剂量率、γ辐射剂量率（自动站）、电磁辐射（自动站）、城市饮用水、土壤γ核素、累积剂量
7	新乡	γ辐射剂量率（自动站）、电磁辐射（自动站）、水体（总α、总β、U、Th、^{226}Ra、^{90}Sr、^{137}Cs）、城市饮用水、土壤γ核素
8	焦作	γ辐射剂量率、γ辐射剂量率（自动站）、电磁辐射（自动站）、城市饮用水、土壤γ核素、累积剂量
9	济源	γ辐射剂量率、γ辐射剂量率（自动站）、电磁辐射（自动站）、城市饮用水、土壤γ核素、累积剂量

序号	城市	测量项目
10	濮阳	γ辐射剂量率（自动站）、电磁辐射（自动站）、城市饮用水、土壤γ核素
11	许昌	γ辐射剂量率（自动站）、电磁辐射（自动站）、城市饮用水、土壤γ核素
12	漯河	γ辐射剂量率、γ辐射剂量率（自动站）、电磁辐射（自动站）、气溶胶、城市饮用水、土壤γ核素、累积剂量
13	三门峡	γ辐射剂量率、γ辐射剂量率（自动站）、电磁辐射（自动站）、城市饮用水、土壤γ核素
14	商丘	γ辐射剂量率（自动站）、电磁辐射（自动站）、城市饮用水、土壤γ核素
15	周口	γ辐射剂量率（自动站）、电磁辐射（自动站）、水体（总α、总β、U、Th、^{226}Ra、^{90}Sr、^{137}Cs）、城市饮用水、土壤γ核素
16	驻马店	γ辐射剂量率（自动站）、电磁辐射（自动站）、城市饮用水、土壤γ核素
17	南阳	γ辐射剂量率、γ辐射剂量率（自动站）、电磁辐射（自动站）、城市饮用水、土壤γ核素、累积剂量
18	信阳	γ辐射剂量率（自动站）、电磁辐射（自动站）、城市饮用水、土壤γ核素

图 2.8-4 河南省电离辐射环境质量监测点位

（1）γ辐射

2018 年，全省国控网监测点位环境瞬时γ辐射空气吸收剂量率（范围为 56.5～106.1 nGy/h，平均为 83.5±8.5 nGy/h）、累积剂量率（范围为 86～100 nGy/h，平均为 91 nGy/h）和全省自动站γ辐射剂量率（范围为 78.3～192.8 nGy/h，平均为 102.8±

10.3 nGy/h）与其天然放射性本底调查结果（1985—1987 年河南省天然贯穿辐射水平调查，范围为 47.6～174.9 nGy/h，平均为 91.6 nGy/h）相比没有明显提高，均在天然辐射本底范围内正常波动。

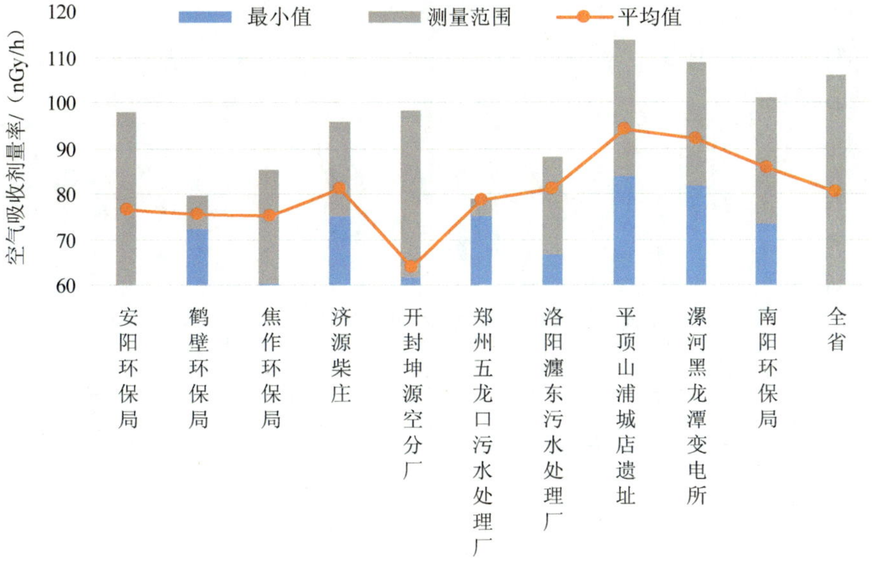

图 2.8-5 2018 年全省国控网点瞬时γ辐射空气吸收剂量率变化趋势

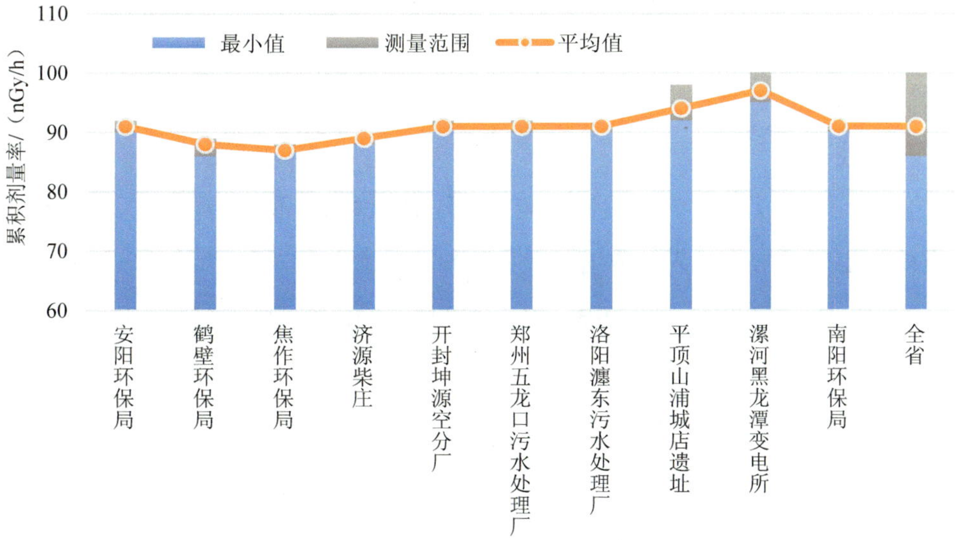

图 2.8-6 2018 年全省国控网点累积剂量率变化趋势

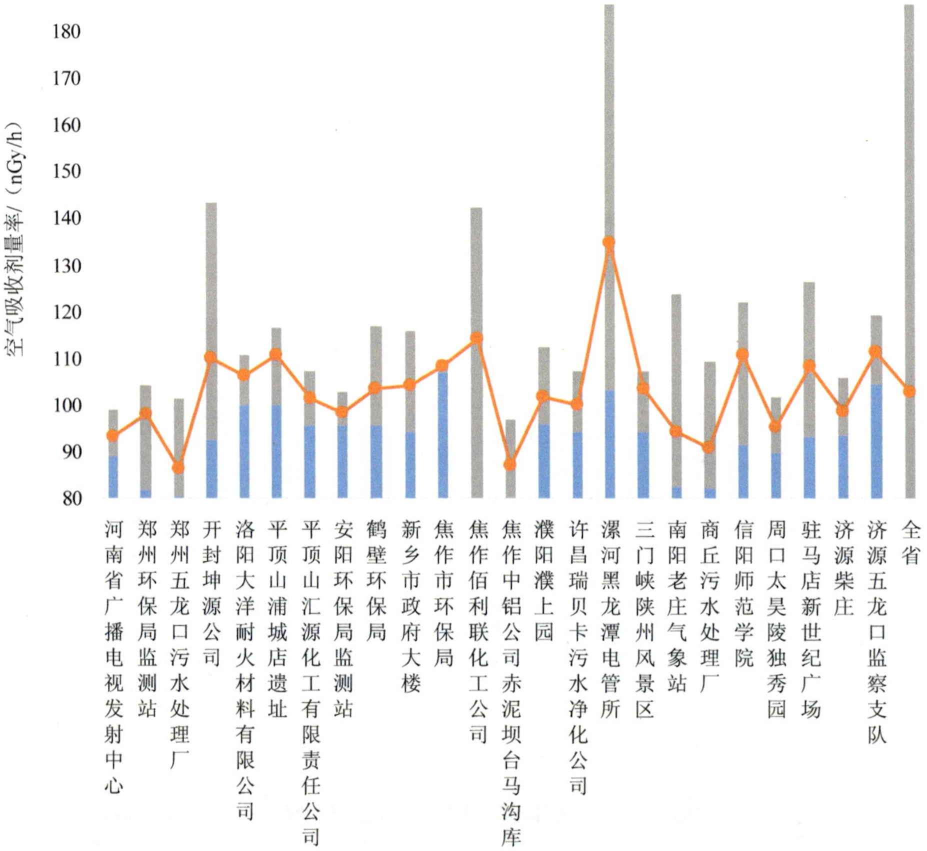

图 2.8-7 2018 年河南省自动站γ辐射空气吸收剂量率变化趋势

（2）气体

①气溶胶

2018 年，郑州大王庄、洛阳、漯河三个气溶胶采样点位运行正常，实验室分析检测数据均未出现异常值，人工放射性核素无检出，数值相对稳定。三个气溶胶采样点的 Th-234（$\mu Bq/m^3$）、Cs-137（$\mu Bq/m^3$）、Cs-134（$\mu Bq/m^3$）、I-131（$\mu Bq/m^3$）四种核素检测结果均低于检出限。

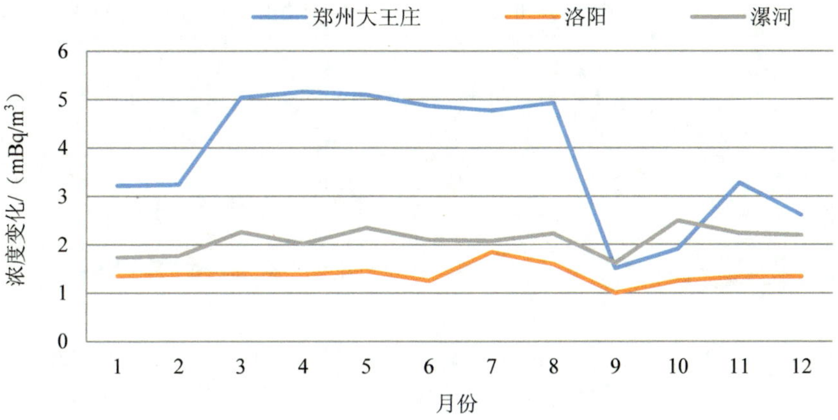

图 2.8-8　郑州、洛阳、漯河三个气溶胶采样点的 Be-7 核素活度浓度变化趋势

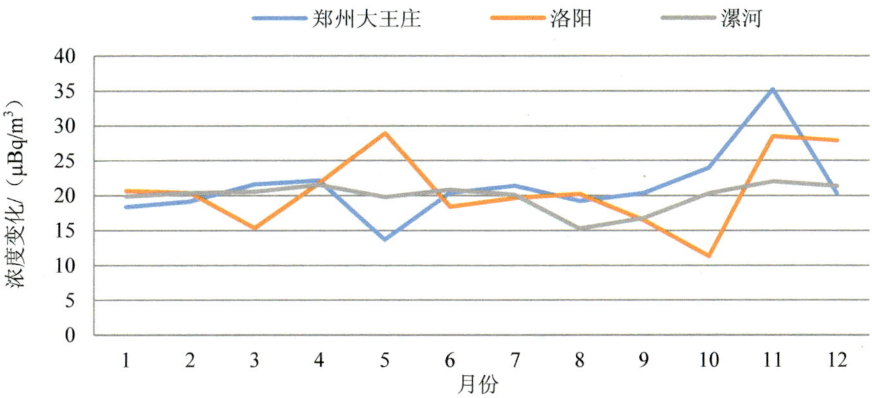

图 2.8-9　郑州、洛阳、漯河三个气溶胶采样点的 Ac-228 核素活度浓度变化趋势

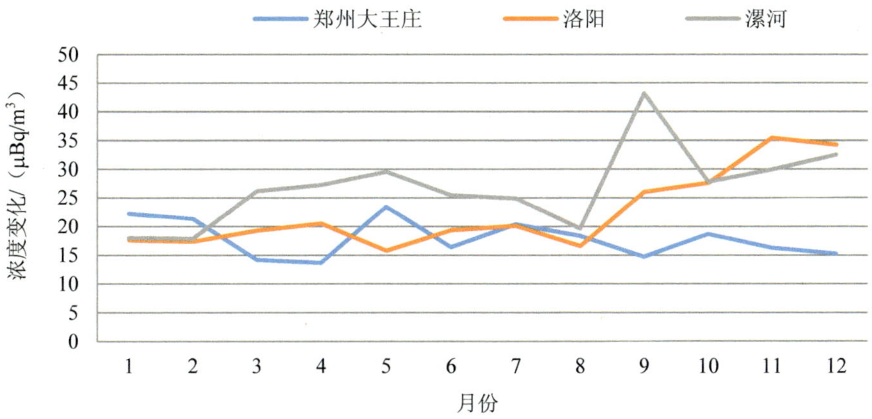

图 2.8-10　郑州、洛阳、漯河三个气溶胶采样点的 Ra-226 核素活度浓度变化趋势

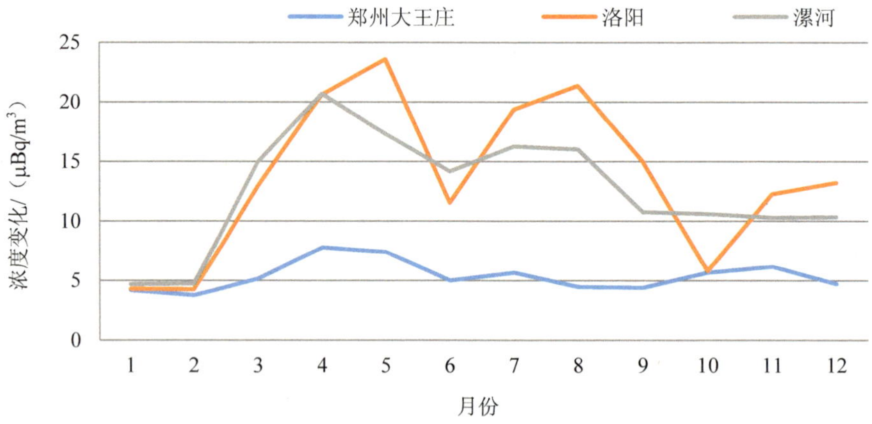

图 2.8-11　郑州、洛阳、漯河三个气溶胶采样点的 Ra-228 核素活度浓度变化趋势

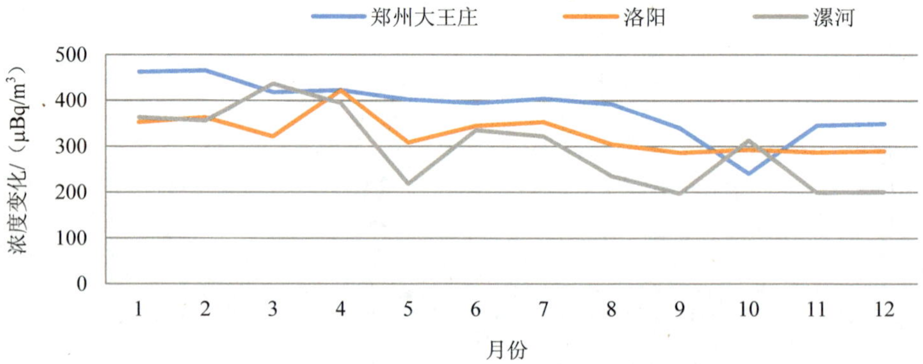

图 2.8-12　郑州、洛阳、漯河三个气溶胶采样点的 K-40 核素活度浓度变化趋势

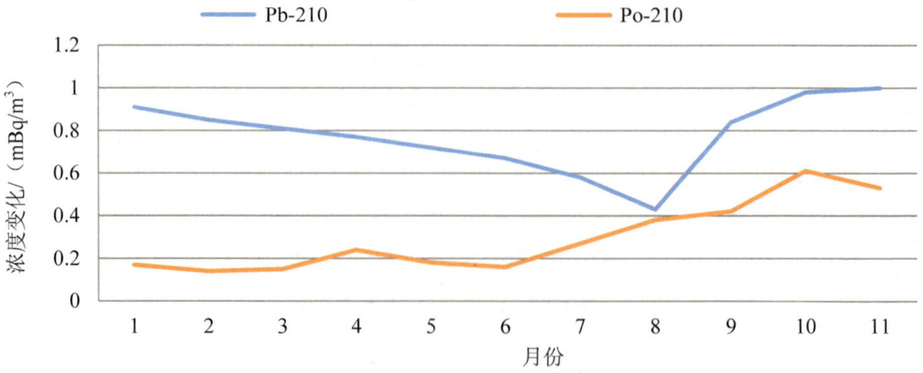

图 2.8-13　郑州大王庄 Pb-210 和 Po-210 的变化趋势

②沉降物

2018 年度沉降物测得数据均未出现异常值，监测项目较 2017 年未有明显变化。图 2.8-14 为河南省辐射环境安全技术中心楼顶总沉降物的 Be-7、K-40、Ra-226、Ra-228、Ac-228 变化趋势。Th-234、Cs-137、Cs-134、I-131 四种核素检测结果均低于检出限。

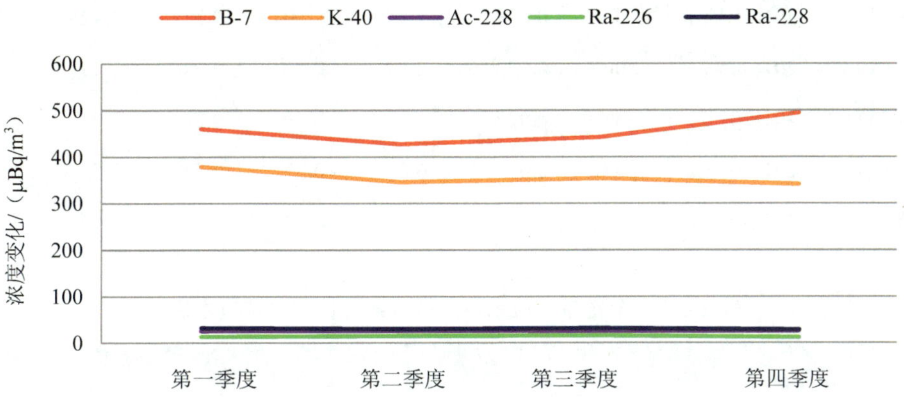

图 2.8-14 河南省辐射环境安全技术中心楼顶总沉降物的核素活度浓度变化趋势

③碘

2018 年度郑州市大王庄站 12 个月的气碘测量数据均未出现异常值，人工放射性核素无检出（低于检出限），数据相对稳定。

④氡

2018 年度郑州市四个季度的室外氡测得数据均未出现异常值，测量范围为 10.5～13.5 mBq/m^3，均值为 12.25 mBq/m^3，数据相对稳定。

⑤氚

2018 年度郑州市辐射中心楼顶四个季度的降水氚及水汽氚测得数据均低于探测限，未出现异常。

（3）水体

2018 年，水体中天然放射性核素浓度与历年监测结果相比，未发生变化，与 1985 年河南省天然放射性水平调查时的监测结果处于同一水平。

表 2.8-2 2018 年全省主要江河水系国控断面放射性核素活度浓度

断面名称	采样时间	放射性核素活度浓度						
		U/（μg/L）	Th/（μg/L）	Ra-226/（mBq/L）	总α/（Bq/L）	总β/（Bq/L）	Sr-90/（mBq/L）	Cs-137/（mBq/L）
黄河流域（黄河）郑州花园口	2018-04-11	2.97	0.04	5.9	0.11	0.25	2.37	1.06
	2018-08-07	3.50	0.039	4.4	＜0.01	0.21	2.42	0.81
淮河流域（颍河）周口沈丘槐店镇	2018-04-23	2.06	0.023	3.7	0.16	0.34	1.53	1.28
	2018-07-25	1.51	0.027	3.2	0.09	0.24	2.06	1.15
海河流域（卫河）新乡卫辉上乐村	2018-03-22	3.47	0.023	6.8	0.33	0.31	2.52	1.31
	2018-07-30	2.73	0.030	6.5	0.14	0.34	2.02	1.58

表 2.8-3 全省各流域水中天然放射性核素的浓度本底值

项目		黄河流域	淮河流域	海河流域
U/（μg/L）	范围	0.05～9.0	0.05～16	0.04～10
	均值	3.34	2.45	2.67
Th/（μg/L）	范围	0.04～4.34	0.02～11.4	0.15～2.96
	均值	1.25	1.44	1.57
Ra-226/（mBq/L）	范围	1.16～2.62	1.16～9.77	1.16～1.38
	均值	1.35	1.44	0.85
K-40/（mBq/L）	范围	33.6～173	20.9～299	32.0～336
	均值	84.3	108	149

注：本数据为 1984—1985 年河南省水体中天然放射性核素浓度调查研究项目成果。

表 2.8-4 2018 年郑州市柿园水厂水样测量结果

测量时间	测量项目						
	U/（μg/L）	Th/（μg/L）	Ra-226/（mBq/L）	总α/（Bq/L）	总β/（Bq/L）	Sr-90/（mBq/L）	Cs-137/（mBq/L）
2018-03-21	0.60	未检出	4.8	0.08	0.10	2.26	0.76
2018-08-07	0.74	0.15	2.6	<0.01	0.01	1.91	0.92
高于探测下限样品范围	0.60～0.74	0.15	2.6～4.8	—	0.01～0.10	1.91～2.26	0.76～0.92

测量时间	测量项目						
	U/（μg/L）	Th/（μg/L）	Ra-226/（mBq/L）	总α/（Bq/L）	总β/（Bq/L）	Sr-90/（mBq/L）	Cs-137/（mBq/L）
高于探测下限样品均值	0.67	0.15	3.7	—	0.06	2.08	0.84
样品探测下限范围	—	—	—	0.01～0.01	0.01～0.01	—	—

表 2.8-5　2018 年度郑州莆田地下水测量结果

测量时间	测量项目						
	U/（μg/L）	Th/（μg/L）	Ra-226/（mBq/L）	总α/（Bq/L）	总β/（Bq/L）	Sr-90/（mBq/L）	Cs-137/（mBq/L）
2018-03-19	0.58	0.009	2.3	<0.01	0.04	—	—
2017 年均值	0.53	0.055	—	—	0.04	4.46	2.07

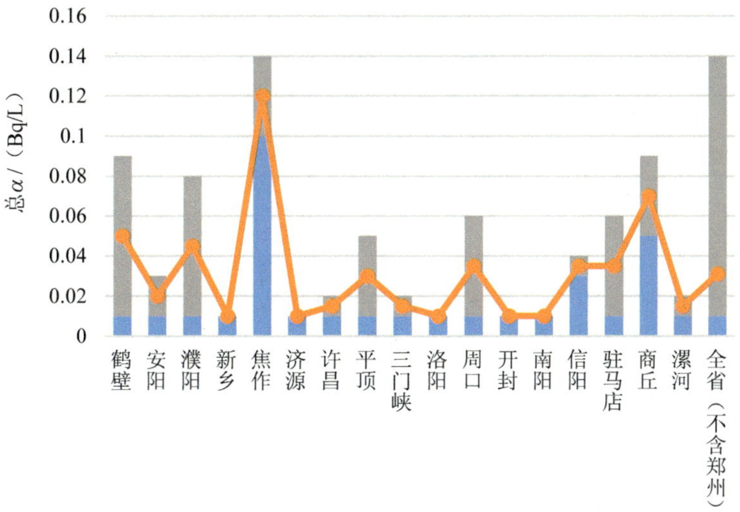

图 2.8-15　2018 年省辖市饮用水源地水总α测量结果

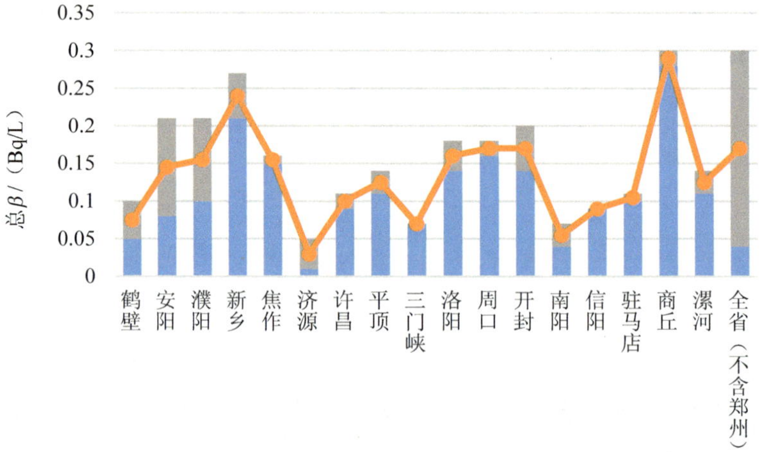

图 2.8-16 2018 年省辖市饮用水源地水总β测量结果

（4）土壤

2018 年，土壤中天然放射性核素浓度与历年监测结果相比，未发生显著变化，与 1989 年河南省天然放射性水平调查时的监测结果处于同一水平，人工核素铯-137 和钴-60 均低于检出限。

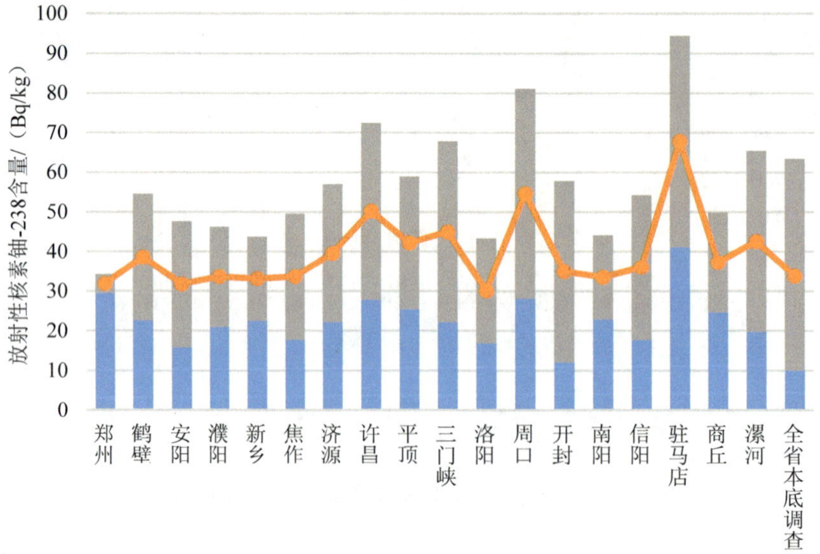

图 2.8-17 2018 年全省土壤放射性核素铀-238 活度浓度测量结果

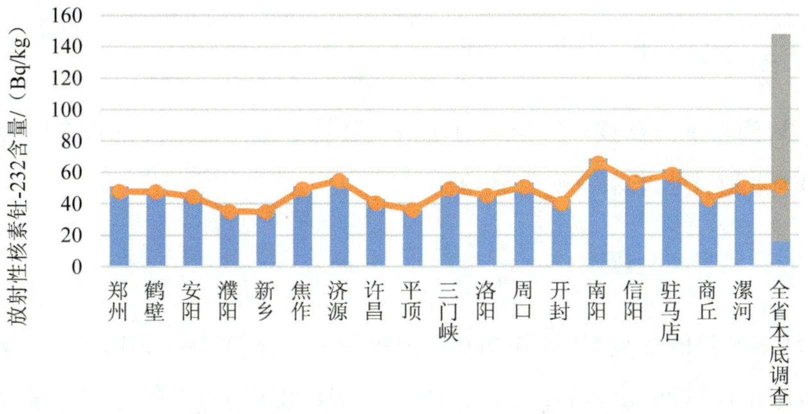

图 2.8-18　2018 年全省土壤放射性核素钍-232 活度浓度测量结果

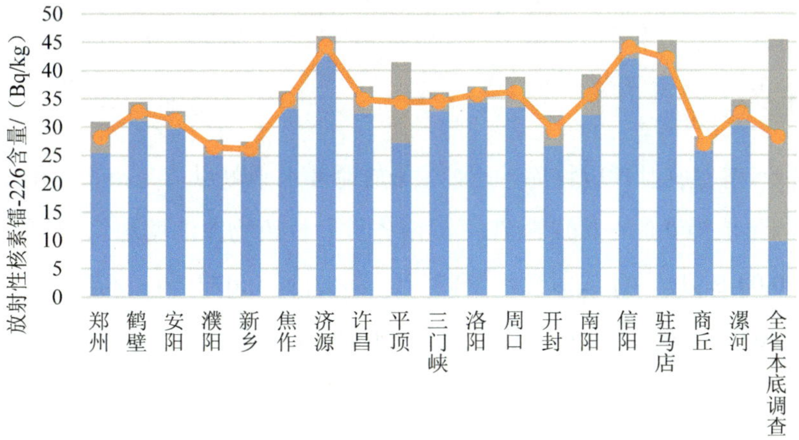

图 2.8-19　2018 年全省土壤放射性核素镭-226 活度浓度测量结果

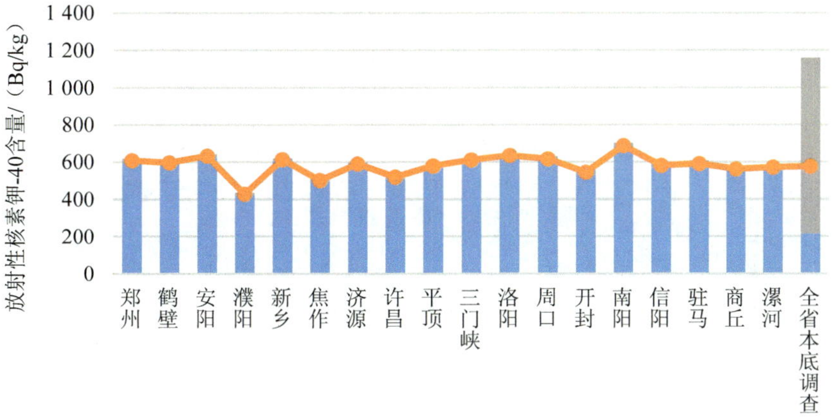

图 2.8-20　2018 年全省土壤放射性核素钾-40 活度浓度测量结果

2.8.2 放射性废物库辐射环境状况

2018 年，河南省境内核技术应用项目未对大环境产生影响；河南省放射性废物库安全运行，周围放射性水平未发现明显变化。

2.8.2.1 γ辐射空气吸收剂量率

2018 年，河南省放射性废物库周围的γ辐射剂量率监测值范围在 74.5～75.9 nGy/h，均值为 75.2 nGy/h（已扣除宇宙射线的响应值）。与废物库运行前的本底测量数据相比较（55～114 nGy/h，均值为 67.1 nGy/h），基本处在正常本底波动水平，环境辐射水平没有明显变化。

2.8.2.2 地下水

2018 年，河南省放射性废物库地下水总α放射性水平测量值为小于 0.01 Bq/L，总β放射性水平测量值为 0.04～0.07 Bq/L，河南省放射性废物库池塘水总α放射性水平测量值为 0.01～0.04 Bq/L，总β放射性水平测量值为 0.05～0.07 Bq/L，与废物库运行前的本底值（总α：0.024～0.25 Bq/L，总β：0.15～0.68 Bq/L）相比，处于同一水平。

2.8.2.3 土壤

2018 年，河南省放射性废物库环境土壤放射性水平测量值与运行前本底值（总α：212～940 Bq/kg，总β：478～892 Bq/kg）相比，处于同一水平，与 1989 年河南省天然放射性水平调查时的监测结果处于同一水平，人工核素铯-137 低于检出限。

表 2.8-6 河南省放射性废物库环境土壤放射性水平

序号	采样点位	采样时间	测量样品量/kg	测量时间	放射性核素含量/（Bq/kg）				
					K-40	Cs-137	Ra-226	Th-232	U-238
1	库区外	2018-03-19	0.30	2018-06-28	608.31	<0.67	28.18	40.52	31.87
		2018-06-21	0.31	2018-10-08	592.32	<0.66	26.25	43.65	30.52
2	库区中间	2018-03-19	0.29	2018-06-07	801.32	<0.75	27.33	47.85	30.33
		2018-06-21	0.30	2018-10-09	590.21	<0.69	25.38	44.63	31.29

2.8.3 电磁辐射环境状况

通过电磁辐射环境监测表明：随着空间各种电磁信号的增加，使得城市环境的电磁辐射水平整体有所增加，尤其是对电磁波辐射体近距离的建筑有一定的影响，但这种影响并未超过国家规定的标准限值。

2018 年，河南省环境电磁辐射综合场强均值远低于国家标准规定的公众环境限值（40 μW/cm^2）。

表 2.8-7 2018 年全省电磁辐射环境质量监测数据统计

单位：μW/cm^2

序号	点位	日均值范围	年均值	备注
1	郑州五龙口污水处理厂	0.02～0.22	0.07	
2	河南省广播电视发射中心	0.99～2.02	1.54	
3	河南省辐射环境安全技术中心	0.43～0.99	0.62	
4	开封市环保局	0.05～0.56	0.38	
5	洛阳市环保局	0.19～1.85	1.39	
6	鹤壁市环保局	0.04～0.18	0.08	
7	新乡市环保局	2.08～3.93	3.12	
8	濮阳市环保局	0.25～3.65	0.70	
9	漯河市环保局	0.02～0.02	0.02	
10	三门峡市环保局	0.02～1.23	0.19	
11	南阳市环保局	0.02～0.68	0.20	
12	信阳师范学院电磁子站	0.16～0.35	0.26	
13	周口市环保局	0.09～0.68	0.41	
14	驻马店市环保局	2.15～2.52	2.29	
15	济源科研苑楼顶	0.02～0.86	0.40	
16	全省平均	0.02～3.93	0.18	

注：综合场强频率范围：0.1～3 000 MHz。另外，商丘环境监察支队、许昌市环保局、平顶山市环保局设备故障，安阳市环保局、焦作市环保局、驻马店市环保局数据异常，不参与统计。

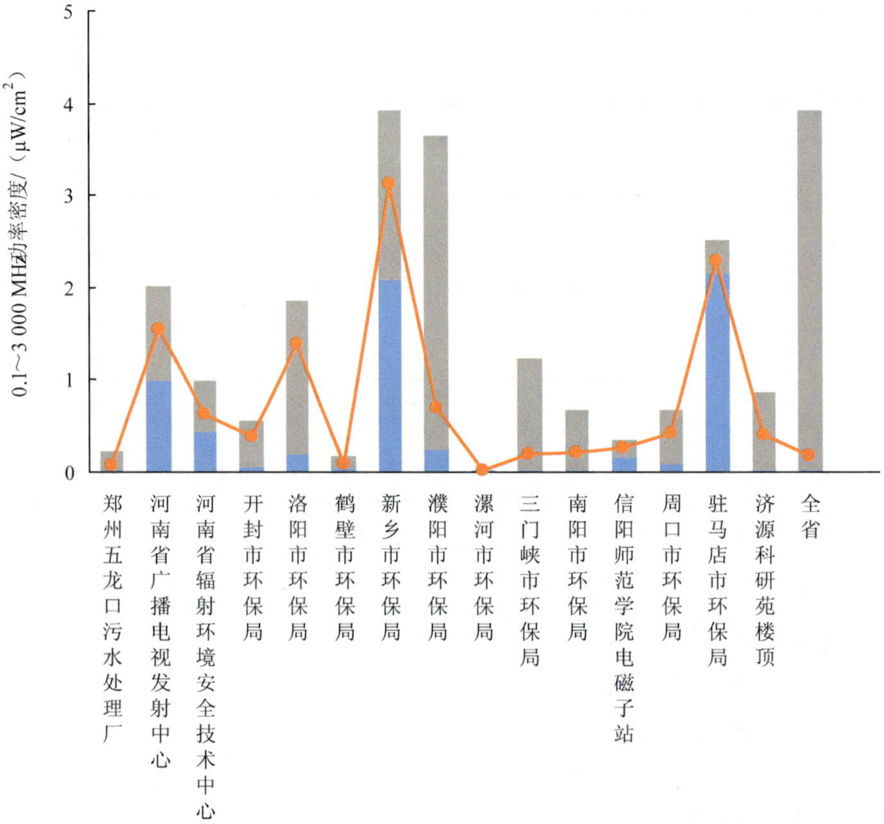

图 2.8-21 2018年河南省自动站电磁辐射环境质量变化趋势

第三篇

总　结

3.1 结论

3.1.1 环境空气质量

与上年相比，省辖市环境空气质量级别仍为轻度污染。2018 年省辖市环境空气首要污染物是 $PM_{2.5}$，其次为 PM_{10}。（按综合质量指数由小到大排序）信阳、南阳、周口、商丘、驻马店、漯河、三门峡、濮阳、平顶山、许昌、开封、洛阳、鹤壁、郑州、新乡、济源 16 市环境空气质量为轻度污染；焦作、安阳 2 市环境空气质量为中度污染。

与上年相比，PM_{10} 浓度年均值由 117 μg/m^3 下降到 114 μg/m^3，下降了 2.6%；$PM_{2.5}$ 浓度年均值由 66 μg/m^3 下降到 64 μg/m^3，下降了 3.0%（未扣除沙尘影响）；SO_2 浓度年均值由 22 μg/m^3 下降到 16 μg/m^3，下降了 27.3%；NO_2 浓度年均值由 41 μg/m^3 下降到 39 μg/m^3，下降了 4.9%。

3.1.2 地表水环境质量

2018 年，河南省河流水质级别为轻度污染。海河流域、淮河流域、黄河流域为轻度污染，长江流域为优。主要污染因子为化学需氧量、总磷和五日生化需氧量。

与上年相比，河南省河流水质级别仍为轻度污染，海河流域水质由中度污染变为轻度污染，淮河流域、黄河流域水质仍为轻度污染，长江流域水质保持优。

141 个省控河流监测断面中，Ⅰ～Ⅲ类水质断面 85 个，占 60.4%；Ⅳ类水质断面 37 个，占 26.2%；Ⅴ类水质断面 14 个，占 9.9%；劣Ⅴ类水质断面 5 个，占 3.5%。

与上年相比，Ⅰ～Ⅲ类水质断面增加 4 个，增加了 2.9 个百分点；Ⅳ类水质断面增加 2 个，增加了 1.4 个百分点；Ⅴ类水质断面增加 3 个，增加了 2.1 个百分点；劣Ⅴ类水质断面减少 8 个，减少了 5.7 个百分点；断流断面减少 1 个，减少了 0.7 个百分点。

24 座省控水库中，Ⅰ～Ⅲ类水质水库有 22 个，占 91.7%；Ⅳ类水质水库 1 个，占 4.2%；无Ⅴ类水质水库；劣Ⅴ类水质水库 1 个，占 4.2%。

与上年相比，水库水质基本稳定。千鹤湖水质由Ⅱ类变为Ⅰ类，尖岗水库、昭平台水库由Ⅲ类变为Ⅱ类，三门峡水库由Ⅳ类变为Ⅲ类，五岳水库、宋家场水库由Ⅱ类变为Ⅲ类，白沙水库由Ⅲ类变为Ⅳ类，其他水库水质无变化。

全省水库营养化水平为中营养。三门峡水库属轻度富营养，宿鸭湖水库属中富营养，其他 22 座水库属中营养状态。

与上年相比，全省水库营养化水平基本稳定。彰武水库由轻度富营养变为中营养，千鹤湖由贫营养变为中营养，三门峡水库由中营养变为轻富营养，其他湖库营养化状态保持不变。

3.1.3 城市地下水质量

2018 年，全省城市地下水质量为较好。南阳、鹤壁、许昌、周口 4 市地下水水质级别为优，漯河、三门峡、驻马店、郑州、平顶山、焦作、济源、洛阳、安阳、新乡 10 市地下水水质级别为良好，开封、濮阳、信阳、商丘 4 市地下水水质级别为较差，其中开封除氟化物为Ⅳ类外，其他因子都符合Ⅲ类标准；濮阳除锰为Ⅳ类外，其他因子都符合Ⅲ类标准；商丘除氟化物为Ⅳ类外，其他因子都符合Ⅲ类标准；信阳除总大肠菌群数为Ⅳ类、锰为Ⅳ类外，其他因子都符合Ⅲ类标准。

与上年相比，2018 年全省城市地下水水质污染程度基本不变，水质级别为较好。安阳由较差变良好，鹤壁、周口由良好变优，漯河由优变良好，其他 14 个省辖市地下水水质均无变化。

3.1.4 集中式饮用水源地水质

2018 年，全省城市饮用水源地浓度年均值评价水质级别为优。濮阳、南阳、许昌、驻马店、信阳、鹤壁、平顶山、三门峡、周口 9 市集中式饮用水源地水质级别为优，新乡、郑州、安阳、洛阳、开封、焦作、济源、商丘、漯河 9 市集中式饮用水源地水质级别为良好。

与上年相比，全省城市集中式饮用水源地水质基本稳定。周口由良好变为优，其他 17 市的水源地水质级别保持不变。

3.1.5 声环境质量

2018 年，全省城市区域昼、夜间声环境质量级别分别为较好、一般。其中，昼间周口级别为好，济源、濮阳、开封、新乡、洛阳、三门峡、信阳、安阳、焦作、平顶山、漯河 11 市级别为较好，南阳、郑州、鹤壁、许昌、驻马店、商丘 6 市级别为一般；

夜间濮阳、洛阳、开封、三门峡、鹤壁、安阳、信阳、新乡 8 市级别为较好，周口、济源、许昌、南阳、平顶山、商丘、漯河、焦作、郑州 9 市级别为一般，驻马店级别为较差。

2018 年，全省城市功能区噪声达标率为 68.5%，其中，昼间 79.9%、夜间 57%。昼间达标率从高到低依次为：工业区、交通干线两侧、混合区、特殊住宅区、居民文教区；夜间达标率从高到低依次为：工业区、混合区、居民文教区、交通干线两侧和特殊住宅区。

2018 年，全省城市道路交通噪声昼、夜间平均等效声级级别均为好。其中，昼间周口、漯河、商丘、焦作、洛阳、平顶山、鹤壁、濮阳、新乡、许昌、济源、三门峡、郑州、安阳 14 市级别为好，信阳、南阳、开封、驻马店 4 市级别为较好。夜间周口、商丘、漯河、新乡、濮阳、济源、三门峡、洛阳、平顶山、焦作、鹤壁 11 市级别为好；开封、安阳 2 市级别为较好；驻马店、信阳、许昌 3 市级别为一般；南阳、郑州 2 市级别为较差。

与上年相比，全省城市区域昼间声环境质量等级仍为较好。其中，昼间开封、洛阳、安阳、新乡、焦作、濮阳、信阳、济源 8 市质量等级仍为较好；周口由较好变为好。

全省城市功能区噪声测点达标率提高了 1.1 个百分点，其中昼间达标率升高了 3.1 个百分点，夜间达标率降低了 1 个百分点。特殊住宅区域达标率增加了 12.5 个百分点，混合区域达标率降低了 6.6 个百分点，其他功能区变化不大。

全省道路交通干线两侧昼间声环境质量仍保持为好，平均等效声级减少了 0.2 dB(A)。郑州、洛阳、平顶山、鹤壁、焦作、濮阳、许昌、漯河、三门峡、商丘、周口、济源 12 市质量等级均为好；开封质量等级仍为较好；南阳、信阳 2 市由好变为较好；驻马店由差变为较好；安阳、新乡 2 市有所改善，由较好变为好。

3.1.6 辐射环境质量

2018 年，全省的电离辐射环境质量仍然保持在天然本底水平。全省环境γ辐射空气吸收剂量率与其天然放射性本底调查结果相比没有明显提高，均在天然辐射本底范围内正常波动。水体中天然放射性核素浓度与历年监测结果相比，未发生变化，与 1985 年河南省天然放射性水平调查时的监测结果处于同一水平。土壤中天然放射性核素浓度与历年监测结果相比，未发生显著变化，与 1989 年河南省天然放射性水平调查时的监测结果处于同一水平。

2018年，河南省境内核技术应用项目未对大环境产生影响；河南省放射性废物库安全运行，周围放射性水平未发现明显变化。

2018年，全省环境电磁辐射综合场强均值远低于国家标准规定的公众环境限值（40 $\mu W/cm^2$）。

3.1.7 生态环境质量

2017年，河南省生态环境质量等级为“一般”。以省辖市为评价单元，鹤壁、济源、三门峡、洛阳、南阳、漯河、驻马店、信阳8市生态环境质量等级为“良”，郑州、开封、安阳、濮阳、新乡、焦作、平顶山、许昌、周口、商丘10市生态环境质量等级为“一般”。未出现优、较差类和差等级。

2017年，河南省生态环境质量为“良”的省辖市主要分布在豫西、豫南的山地丘陵区，约占全省总面积的55.8%；生态环境质量为“一般”的省辖市主要分布在黄淮海平原地区，约占全省总面积的44.2%。

3.1.8 农村环境质量

2018年，河南省农村环境空气质量良好，达标率为96%，首要污染物为PM_{10}、NO_2；饮用水源水质较好，达标率在85%以上；县域地表水水质较差，达标率低，超标因子主要为总磷、氨氮、高锰酸盐指数；土壤环境质量状况总体良好，仅有2个土壤点位的铅和铬介于风险筛选值与管制值之间，其他点位的基本项目均小于风险筛选值。

3.2 环境质量关联分析

3.2.1 环境管理措施对环境质量的影响分析

3.2.1.1 政府环境质量目标管理政策促进了环境质量的改善

2018年，河南省持续实施环境质量责任目标管理政策，并根据河南省环境质量的实际情况对环境质量考核内容不断完善。政府环境质量目标管理政策操作性强、严抓落实以及更加科学的政府环境质量责任目标管理评价体系，对改善河南省环境质量起到了很大的作用，河南省在经济快速增长的同时，环境质量得到了有效控制。

3.2.1.2 递交目标责任书，推动了各项水环境质量目标的完成

为配合环境质量责任目标的实施，各省辖市政府每年向省政府递交目标书，实行各地市县对环境保护目标的责任承诺机制，适时调整考核内容及分值，同时出台了相应的配套政策，不断完善《环境保护目标责任书执行情况考核办法》，推动各项目标任务全面完成。

3.2.1.3 通过舆论媒体，推进目标责任书的实施

通过递交环境质量目标责任书，召开新闻发布会，向社会公布环境质量状况和重大违法案件查处情况，对地方政府黄牌警告、通报批评、约谈、停批建设项目以及严格责任追究等。

3.2.1.4 目标管理政策的实施，促进了产业结构的调整

环境质量责任目标考核大大促进了河南省产业结构的调整，产业结构不断优化，在传统农业大省向工业大省迈进的同时，第三产业快速发展。坚持以供给侧结构性改革为主线，着力壮大数字创意、高端装备等 10 个战略新兴产业规模，筛选确定新兴产业项目 150 个，全省制造业技改投资同比增长 41.3%，占工业投资比重的 20.1%；全省服务业市场主体达到 478.4 万户，较年初增加了 50.3 万户。积极调整能源消费结构，强化能源消耗总量和强度“双控”，全面实施煤炭减量替代。2018 年以来，实施电能替代项目 4 529 项，替代电量 108.4 亿 kW·h；关停落后煤电机组 107 万 kW。全省外电入豫和可再生能源利用规模持续扩大，净吸纳省外电量 337 亿 kW·h，新投产可再生能源发电装机 361 万 kW，占全口径发电装机比重的 20%。推进交通运输结构性减排，完善干线铁路网络，积极推进蒙西至华中铁路煤运通道建设。大力发展多式联运，郑州至沿海港口铁海联运班列共计开行 166 列，省级多式联运示范工程创建工作稳步推进。三次产业结构为 8.9∶45.9∶45.2，第三产业增加值占生产总值的比重比上年提高了 1.9 个百分点。

3.2.1.5 加强重点项目建设，有效地改善水环境质量

实施“日报告、周调度、月通报”，持续加强重点工作任务调度督促，通过采取现场督办、会议督办、致函、曝光等方式，督促各地采取切实有效的措施，加快推进重点工程进度。2018年列入全省流域重点工程项目228个，完成和在建项目212个，占比93%；全省省辖市确定的133处黑臭水体均已完成或正在整治，占比100%，实施首批百城建设提质的县市确定的59处黑臭水体，全部开工整治，其余县城确定的88处黑臭水体，完成和正在整治的有83个，占比94.3%；2 998家需畜禽规模养殖场粪污配套设施整治任务，已完成整治的有2 924个，占比97.5%；2 413个农村环境综合整治任务均已完成或正在整治，占比100%；365个饮用水源地环境整治项目，已完成364个，占比99.7%；25个生态湿地建设工程项目，完成和在建项目24个，占比96%；834个入河排污口，完成和正在整治的有542个，占比64.9%；6 699座加油站需要防渗改造，完成和正在改造的有6 667个，占99.5%。

3.2.1.6 打赢蓝天保卫战，有效改善环境空气质量

牢牢把握空气质量改善这一核心，坚持把大气污染防治作为重中之重抓住不放，深化科学治污、依法治污、全民治污，持续强化“六控”推进源头预防、调整“四个结构”加强综合治理、精准发力实施重点管控、完善制度建立长效机制，治污减霾、保卫蓝天。

控煤方面，针对冬季供暖期燃煤污染突出问题，全面淘汰城市小燃煤锅炉，所有非电行业燃煤锅炉全部提标治理，确保达标排放；综合采取清洁煤替代等方式，大力减少燃煤散烧污染；全面取缔劣质散煤销售点，坚决杜绝劣质煤销售和使用；全面加强高污染燃料禁燃区管理，禁燃区内严禁燃烧各类高污染燃料。全省新增供暖面积3 962万m^2，完成“双替代”供暖112.4万户（“电代煤”供暖108.8万户、“气代煤”供暖3.6万户），取缔散煤销售点283个，罚没劣质散煤2 607 t，有效杜绝了劣质燃煤的销售和使用。

控尘方面，细化建筑、拆迁、交通、水利等各类施工、道路扬尘控制标准，全省98%的工地安装在线监控监测设备，市容环卫车辆设备增加至11 000余台，所有纳入监管的渣土运输车全部完成自动密闭改造。

控排方面，针对河南传统工业占比高、污染物排放大的实际，在钢铁、水泥、碳素、平板玻璃等重点行业实施超低排放改造，对化工、有色、焦化等重点企业实施特别排放限值改造，对制药、农药、煤化工等行业实施挥发性有机物治理，累计完成 1 443 个提标治理项目，省辖市建成区煤气发生炉、热风炉、导热油炉全部完成拆除或清洁能源改造。

控车方面，全省累计淘汰老旧车辆 35.1 万辆，推广各类新能源汽车 54 470 标车、超额年度任务 94.5%；深入开展柴油货车污染整治行动，累计抽检柴油货车 18.4 万辆，查处不合格车辆 1.05 万辆。

控油方面，提升车用燃油品质，比国家要求提前半年在全省推广国Ⅵ标准车用汽柴油；持续开展打黑油、端窝点、断链条，取缔“黑加油站点”2 412 家、流动售油车 1 346 辆。

控烧方面，坚持疏堵结合，“蓝天卫士”科技防控、联防联控网格化管理、督导检查并举，重点时段秸秆焚烧同比大幅下降，全省秸秆综合利用率达到 88%。着力抓好秋冬季重污染天气应急管控，面对采暖季极其不利的气象扩散条件，全省上下认真落实中央部署，坚决防止简单化、“一刀切”，分行业分种类实施差异化错峰生产和绿色环保调度，全省 4 076 家错峰生产企业中，豁免类 320 家、限产类 1 773 家、限制类 1 983 家，树立绿色生产导向；完善重污染天气应急预案和管控清单，对纳入应急管控清单的 22 817 家涉气企业，综合采取在线监测监控、用电量指标监控、异地督导核查等，实施全地域、全时段、全过程动态监管，更加科学、精准、有效地削减污染峰值，全省未出现污染“爆表”现象。既注重治标，更突出治本，加快调整产业结构、能源结构、运输结构、用地结构，从源头降低污染排放，在前两年化解过剩产能的基础上，又化解过剩煤炭产能 825 万 t、钢铁产能 157 万 t，淘汰落后煤电机组 107.7 万 kW，压减电解铝低效产能 35 万 t，新增再生能源装机 159 万 kW；持续实施产业转型攻坚，以装备制造、新型材料、能源化工等 12 个重点产业为突破口，大力推进制造业绿色、智能、技术三大改造，创建国家级绿色工厂 28 家；整治取缔“散乱污”企业 8 043 家，启动搬迁改造企业 45 家；加快推进 12 个省级多式联运示范工程、14 个铁路专用线进企入园工程建设，“四大结构”调整优化进一步提速。

3.2.2 环境质量与经济发展协调性分析

3.2.2.1 经济与大气环境系统指标以及协调分析模型的构建

（1）指标体系的构建

由于经济与大气环境系统之间较为复杂，且因素多、层次多，因此选取合适的指标更能体现出地区内经济与大气环境之间的发展关系。所以，选取的数据指标要体现典型性、代表性，同时保证数据的真实性和可靠性，以此才能科学、全面地反映两者间的关联程度。从地区经济与大气环境协调发展研究状况来看，在数据可获得性的基础上，把对经济和环境发展有推动作用的指标处理作为正指标，相反有阻碍作用的作为负指标。因此，选择河南省 GDP、第二产业比重以及城镇化水平等 10 个指标作为参照，来反映经济发展情况。在大气环境指标选取中，参照近几年统计数据以及其他专家学者的研究，根据河南省环境污染状况，把工业 SO_2、工业烟尘和工业废气的排放量作为反映大气环境污染状况的指标，并增加环境治理投资额以及建成区绿化率指标。

表 3.2-1 河南省经济与大气环境指标体系

目标层	系统层	指标层
经济与大气环境协调度	经济发展系统	GDP（亿元）x_1
		人均 GDP（万元/人）x_2
		固定资产投资额（亿元）x_3
		GDP 增长率（%）x_4
		规模以上工业增加值（亿元）x_5
		第二产业比重（%）x_6
		第三产业比重（%）x_7
		恩格尔系数（%）x_8
		城镇居民人均可支配收入（元）x_9
		城镇化水平（%）x_{10}
	环境系统	工业废气排放量（亿 m^3）y_1
		工业 SO_2 排放量（t）y_2
		工业烟尘排放量（t）y_3
		环境污染投资总额（亿元）y_4
		建成区绿化覆盖率（%）y_5

（2）分析模型的构建

经济发展与大气环境系统之间的关联性较为复杂，本书主要采用灰色关联分析法对河南省经济和大气环境指标体系进行分析研究。主要是通过对数据进行处理、计算得出所选取经济因素与大气环境因素指标间的相似度来判断相似度。结合河南省 2009—2018 年各指标数据，通过灰色关联度的计算，研究经济与大气环境指标间的关联性。

①数据标准化处理

由于灰色关联分析法要以数据列为研究对象，且原始数据中指标性质以及数量级有差异，直接计算会对结果的客观分析产生一定影响，因此对初始数据进行标准化处理是进行后续工作的基础。因为在标准化处理后得到的某些数据可能为 0，为了避免赋值没有意义，参考国内有关学者对旅游产业与生态文明城市耦合关系及协调发展研究后对标准化后为 0 的数据加 0.001 来进行处理。

正向指标，由于具有积极作用，因此处理后数据越大越好。负向指标，产生阻碍作用，因此计算结果越小越好。

正向指标：

$$x'_{ij}=\frac{x_{ij}-x_{\min}}{x_{\max}-x_{\min}}+0.001 \quad (3.2\text{-}1)$$

负向指标：

$$x'_{ij}=\frac{x_{\max}-x_{ij}}{x_{\max}-x_{\min}}+0.001 \quad (3.2\text{-}2)$$

式中：x'_{ij} —— 标准化后的数据；

x_{ij} —— 原始数据；

$x_{\max}$ —— 初始数据中最大值；

$x_{\min}$ —— 初始数据中最小值。

②关联度的计算

在进行数据处理的基础上，为了更清晰地表现经济与大气环境间的发展程度以及关联状况，在参考国内有关学者在中国区域城市化与生态环境耦合分析的研究中建立灰色关联度模型的基础上，建立两因子间的关联模型。

计算关联系数：

$$\xi(j)(t)=\frac{\min_i\min_j\left|Z_iX(t)-Z_jY(t)\right|+\rho\max_i\max_j\left|Z_iX(t)-Z_jY(t)\right|}{\left|Z_iX(t)-Z_jY(t)\right|+\rho\max_i\max_j\left|Z_iX(t)-Z_jY(t)\right|} \quad (3.2\text{-}3)$$

式中：$\zeta(j)(t)$ —— 在 t 时刻经济发展与大气环境各因子间的关联系数；

$Z_iX(t)$ —— 经济指标标准化值；

$Z_jY(t)$ —— 环境指标标准化值；

ρ —— 分辨系数，主要用来提高关联系数之间的差异性，参考国内有关学者在区域城市化与生态环境耦合特征及机制研究的基础上取值 0.5。

关联度计算

计算出各关联系数，它们是比较曲线和参考曲线在第 t 时刻的相对差值，但根据现实情况来看，计算数值过多，因此得到的信息也比较分散，不利于从整体上比较各指标之间的作用关系。所以，为了能更好地反映环境系统中各因子对经济系统的约束作用，分值需要将关联系数按样本数 k 来求其平均值，得到一个能反映其复杂关系的关联度矩阵。

$$\gamma_{ij}=\frac{1}{N}\sum_{k=1}^{n}\xi_{ki}(j)(t) \tag{3.2-4}$$

$$\gamma=\begin{vmatrix}\gamma_{11} & \cdots & \gamma_{1l}\\ \cdots & \gamma_{ij} & \cdots\\ \gamma_{ml} & \cdots & \gamma_{ml}\end{vmatrix} \tag{3.2-5}$$

式中：k —— 样本数（k=1，2，3，…，N），即本书选取的经济系统指标或大气环境指标数量。

将时间序列数据和空间变量数据代入式（3.2-4）可以进一步计算各区域的经济与大气环境系统相互作用的变化规律。

然后经过计算，可以表现大气环境中哪些因子对经济发展的约束性强或者弱。其中将关联度γ的取值范围设置在 0～1。因此，将计算结果中的关联度进行比较会发现，当值越接近于 1，双方关联性越大；如果γ=1，说明经济系统某一指标与大气环境之间的关联性非常大。若 $0<\gamma_{ij}<1$，说明 Z_iX（t），Z_jY（t）有关联性，γ_{ij}的值越大，关联性越大，耦合性越强，相反越小，关联性越小。其中在数值 0～1 之间分为四个比较区间：当 $0<\gamma_{ij}<0.35$ 时，关联度较弱，因此两系统指标间耦合作用也弱；当 $0.35<\gamma_{ij}<0.65$ 时，关联度为中等级，两指标耦合作用中等；当 $0.65<\gamma_{ij}<0.85$ 时，关联度较强，两指标耦合作用较强；当 $0.85<\gamma_{ij}<1$ 时，关联度极强，两指标间的相互作用几乎趋近，耦合作用到达极强阶段。

表 3.2-2 关联系数γ_{ij}的区间划分标准

γ_{ij}的大小	表现关系
$0<\gamma_{ij}\leqslant 0.35$	两系统关联较弱
$0.35<\gamma_{ij}\leqslant 0.65$	两系统关联中等
$0.65<\gamma_{ij}\leqslant 0.85$	两系统关联较强
$0.85<\gamma_{ij}\leqslant 1$	两系统关联极强

协调度计算

在将关联度求取后，进一步对结果计算平均值，对已得出的关联度的大小也可以比较因素间关联性的强弱。

$$d_i=\frac{1}{l}\sum_{j=1}^{l}\gamma_{ij}(i=1,2,\cdots,l;j=1,2,\cdots,m) \tag{3.2-6}$$

$$d_j=\frac{1}{m}\sum_{i=1}^{m}\gamma_{ij}(i=1,2,\cdots,l;j=1,2,\cdots,m) \tag{3.2-7}$$

式中：d_i—— 经济体系第 i 个指标环境体系的关联度均值；

d_j—— 环境系统第 j 个指标与经济体系的关联度均值；

m、l—— 分别代表两个系统的指标数。

为了更深入地研究经济发展与大气环境间的协调问题，在已经进行关联度计算的前提下，构建经济与环境的协调度计算模型。

$$C(t)=\frac{1}{m\times l}\sum_{i=1}^{m}\sum_{j=1}^{l}\xi_i(j)(t) \tag{3.2-8}$$

式中：C（t）——t 经济与环境耦合协调度。

根据研究区域城市化与生态环境耦合性分析中对于协调地取值划分区间，将取值区间设置为 0～1，其中不同的区间值代表了其协调度的强弱。协调度在 0～0.5 时，表示两者处于低水平耦合协调阶段；当协调度在 0.5～0.6 时，两者处于拮抗阶段；当协调度在 0.6～0.8 时，两者处于磨合阶段；当协调度在 0.8～1 时，两者处于高水平耦合协调阶段。

表 3.2-3 协调度 $C(t)$ 的划分标准

$C(t)$ 的大小	经济与环境系统间的协调程度
$0<C(t)\leqslant 0.5$	两系统之间处于低水平耦合协调阶段
$0.5<C(t)\leqslant 0.6$	两系统之间处于拮抗阶段
$0.6<C(t)\leqslant 0.8$	两系统之间处于磨合阶段
$0.8<C(t)\leqslant 1$	两系统之间处于高水平耦合协调阶段

3.2.2.2 区域经济发展综合水平与大气环境综合状况的分析

（1）区域经济发展综合水平分析

河南省为新兴经济大省、工业大省，同时又深处中原经济区的腹地，更是辐射带动周边地区的发展。经济发展迅速，生产总值也保持良好的增长态势。选取的 2009—2018 年经济发展水平指标数据，对区域经济系统进行评价。通过对 GDP、城镇化水平等指标的计算分析得出河南省 2009—2018 年的经济发展综合水平状况。

表 3.2-4 河南省各地市 2009 —2018 年区域经济发展得分

省辖市	2009	2010	2011	2012	2013	2014	2015	2016	2017	2018	平均水平
郑州	0.92	0.85	0.92	0.94	0.92	0.93	0.94	0.63	0.92	0.95	0.89
开封	0.25	0.32	0.34	0.31	0.25	0.32	0.34	0.27	0.35	0.36	0.31
洛阳	0.57	0.57	0.57	0.55	0.53	0.60	0.53	0.46	0.55	0.57	0.55
平顶山	0.39	0.43	0.36	0.36	0.32	0.37	0.31	0.27	0.33	0.35	0.35
安阳	0.44	0.44	0.45	0.4	0.41	0.35	0.34	0.29	0.38	0.38	0.39
鹤壁	0.39	0.33	0.31	0.34	0.32	0.37	0.38	0.33	0.41	0.40	0.36
新乡	0.41	0.39	0.37	0.44	0.45	0.45	0.41	0.32	0.33	0.34	0.39
焦作	0.5	0.44	0.45	0.43	0.44	0.48	0.47	0.33	0.47	0.48	0.45
濮阳	0.24	0.29	0.25	0.28	0.27	0.28	0.34	0.37	0.31	0.32	0.30
许昌	0.42	0.42	0.4	0.41	0.48	0.44	0.44	0.37	0.45	0.47	0.43
漯河	0.28	0.32	0.35	0.31	0.27	0.30	0.32	0.42	0.35	0.35	0.33
三门峡	0.41	0.42	0.41	0.45	0.39	0.42	0.43	0.30	0.38	0.40	0.40
南阳	0.34	0.36	0.33	0.31	0.28	0.33	0.34	0.31	0.33	0.33	0.33

省辖市	2009	2010	2011	2012	2013	2014	2015	2016	2017	2018	平均水平
商丘	0.23	0.24	0.23	0.23	0.2	0.24	0.26	0.27	0.25	0.24	0.24
信阳	0.22	0.24	0.21	0.22	0.19	0.24	0.24	0.27	0.22	0.23	0.23
周口	0.21	0.23	0.19	0.18	0.2	0.23	0.21	0.27	0.21	0.20	0.21
驻马店	0.2	0.2	0.23	0.21	0.19	0.23	0.24	0.24	0.25	0.24	0.22
济源	0.44	0.47	0.37	0.44	0.35	0.46	0.45	0.34	0.41	0.42	0.42

郑州市是省会城市，地理位置特殊，交通便利，在全省经济发展中一直处于领先位置。洛阳是历史文化名城、古都，旅游业发达，被国家划批为高新技术产业开发区，带动了经济的快速发展，洛阳的经济发展水平领先省内其他城市，位居第二。焦作又称为“煤城”，在重工业带动下，经济发展较为迅猛。受到地理位置和交通因素的限制，新乡、三门峡等城市的经济发展水平处于中等水平。信阳、周口、驻马店、商丘 4 市发展依然处于低水平状态（图 3.2-1）。

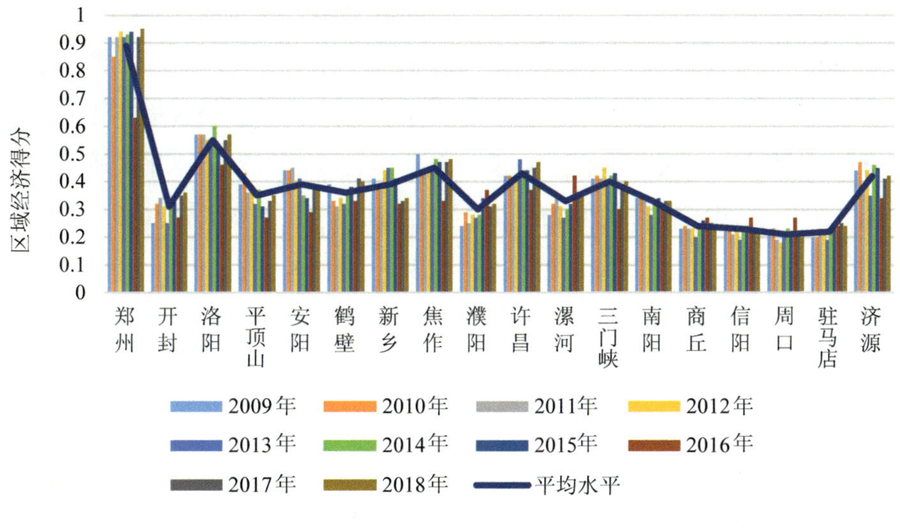

图 3.2-1　2009—2018 年河南省区域经济发展得分

（2）大气环境水平综合分析

随着高速发展的经济，工业发展过程中排放大量污染物，因此对大气环境造成了严重的污染。选取工业废气排放量等影响大气环境的指标，通过对 2009—2018 年河南省的大气环境指标数据进行分析计算得到大气环境水平状况（图 3.2-2）。

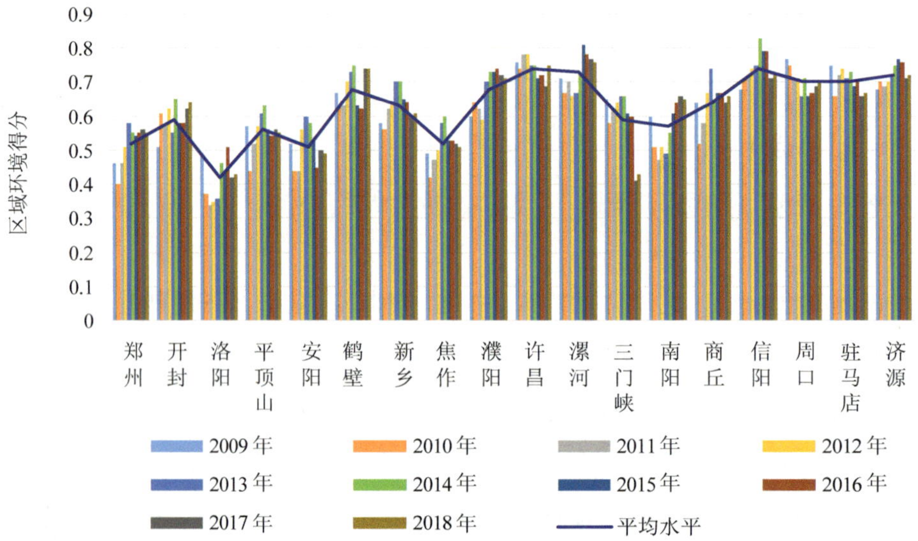

图 3.2-2 2009—2018 年河南各地市区域大气环境状况得分

全省区域内大气环境状况较好的为信阳、漯河、许昌、济源 4 市；排名靠后的为洛阳、郑州、安阳等城市。从城市经济发展水平来看，工业经济发展水平较高的城市反而大气环境水平较低，污染偏重，相反像漯河、驻马店等发展水平较落后的城市，大气环境水平较高，污染较低。例如平顶山和洛阳，作为重要的能源原材料工业基地和工业城市，从环境指标数据中可以看出，城市内工业 SO_2、烟尘排放量以及工业废气排放量都较高，对大气环境造成严重破坏，因此城市大气环境水平较低。在城市建设以及经济的发展过程中，必须要加大对大气环境的保护力度，减排到位，做到经济与大气环境协调发展。

表 3.2-5 2009—2018 年河南各地市区域大气环境状况得分

省辖市	2009	2010	2011	2012	2013	2014	2015	2016	2017	2018	平均水平
郑州	0.46	0.4	0.46	0.51	0.58	0.55	0.54	0.55	0.56	0.55	0.52
开封	0.51	0.61	0.57	0.62	0.55	0.65	0.58	0.58	0.62	0.64	0.59
洛阳	0.49	0.37	0.34	0.35	0.36	0.46	0.44	0.51	0.42	0.43	0.42
平顶山	0.57	0.44	0.52	0.57	0.61	0.63	0.56	0.54	0.56	0.55	0.56

省辖市	2009	2010	2011	2012	2013	2014	2015	2016	2017	2018	平均水平
安阳	0.52	0.44	0.44	0.56	0.6	0.58	0.53	0.45	0.50	0.49	0.51
鹤壁	0.67	0.63	0.63	0.7	0.73	0.75	0.63	0.62	0.74	0.74	0.68
新乡	0.58	0.56	0.62	0.63	0.7	0.70	0.65	0.64	0.60	0.61	0.63
焦作	0.49	0.42	0.47	0.5	0.58	0.60	0.53	0.53	0.52	0.51	0.52
濮阳	0.6	0.64	0.62	0.59	0.7	0.73	0.73	0.74	0.72	0.71	0.68
许昌	0.76	0.74	0.78	0.78	0.75	0.75	0.71	0.72	0.69	0.75	0.74
漯河	0.71	0.67	0.7	0.66	0.67	0.72	0.81	0.78	0.77	0.76	0.73
三门峡	0.65	0.58	0.62	0.64	0.66	0.66	0.61	0.60	0.41	0.43	0.59
南阳	0.6	0.51	0.47	0.51	0.49	0.55	0.61	0.64	0.66	0.65	0.57
商丘	0.64	0.52	0.58	0.67	0.74	0.65	0.67	0.67	0.64	0.66	0.64
信阳	0.68	0.71	0.72	0.74	0.75	0.83	0.79	0.79	0.71	0.72	0.74
周口	0.77	0.75	0.71	0.71	0.66	0.71	0.66	0.67	0.69	0.70	0.70
驻马店	0.75	0.66	0.72	0.74	0.71	0.73	0.69	0.70	0.66	0.67	0.70
济源	0.68	0.7	0.69	0.7	0.72	0.75	0.77	0.76	0.71	0.72	0.72

3.2.2.3 河南省经济与大气环境的协调分析

（1）经济与大气环境的关联度分析

对 2009—2018 年河南省经济与大气环境指标体系分析，研究两者间的发展存在的相互关系，通过对各项指标数据进行处理计算与分析，得出经济与主要大气环境污染物两指标的关联度，其中两者间关联度主要处于 0.6 以上的水平，由划分的阶段可以看出，经济发展与大气环境指标间的关联性较强，尤其表现在第二产业、城镇化水平方面，与大气环境污染物间的关联度均大于 0.8。

依据分析得到的数据，可以看出，与大气环境关联性较强的经济因素是第二产业、GDP 增长以及城镇化水平，关联度都大于 0.8，由此可见，在经济增长的过程中，城镇化水平逐渐提高，大量农村人口涌向城市，出现人口和经济的城镇化效应，而且存在环保意识差、人口素质低等情况，进一步对城市大气环境产生影响，压迫大气环境；同时，在国家政策的扶持带动下，河南省不仅是农业大省，更是国家重要的工业基地，三次产业结构虽然在进一步优化，但是第二产业依旧占据着相当大的比重，因此第二产业仍然是省内经济发展的支撑。而在传统工业占据较大比重的情况下，工业生产所产生的大量工业废气、SO_2、烟尘等加重大气环境压力。例如安阳、焦作等地煤炭、化工业和电力发展，以耗能大的能源为主，对大气环境必然会产生很大的威胁作用。

表 3.2-6 2009—2018 年河南省经济与环境指标关联度

指标	x_1	x_2	x_3	x_4	x_5	x_6	x_7	x_8	x_9	x_{10}	平均值
y_1	0.432	0.67	0.413	0.638	0.667	0.876	0.416	0.686	0.797	0.863	0.65
y_2	0.433	0.68	0.413	0.662	0.666	0.876	0.415	0.699	0.786	0.855	0.65
y_3	0.421	0.713	0.401	0.665	0.717	0.843	0.404	0.733	0.872	0.91	0.67
y_4	0.529	0.597	0.513	0.659	0.648	0.702	0.512	0.607	0.633	0.661	0.61
y_5	0.454	0.784	0.431	0.61	0.79	0.749	0.434	0.769	0.841	0.778	0.66
均值	0.45	0.69	0.43	0.65	0.70	0.81	0.44	0.70	0.79	0.81	—

相对于经济发展对大气环境会具有威胁作用，大气环境的状况也反作用到经济发展中，对区域经济发展产生约束性。从关联度分析中可以看出，大气环境中工业 SO_2、工业废气的排放量对经济发展的约束性很强，因此，大气环境保护要从源头抓起，不能先发展后保护。省内经济依旧是第二产业占据主导地位，SO_2、烟尘以及废气的排放量虽然有所下降，但相对于发达城市来说依然较大。综合来讲，省内的经济发展和大气环境之间具有较强的关联性，在目前的情况下，经济发展中依然对大气环境产生较大的压迫，同时大气环境的污染也严重制约了经济的发展，因此，经济发展过程中，大气环境污染物的排放问题应该被重视。

（2）经济与大气环境的协调度分析

通过进行协调度计算，依据全省 2009—2018 年所选取的指标数据，得出 2009—2018 年省内各地市经济与大气环境的协调度情况。

由表 3.2-7 可以看出，整体上，各年经济与大气环境间的协调度平均水平都大于 0.6，根据划分标准和计算所得数据可知，两者处于持续磨合阶段。从分区上，郑州、许昌、济源等城市的协调度较高，而周口、驻马店等经济发展水平低的城市，其协调水平也较低。2009—2018 年经济与大气环境协调水平总体呈上升趋势，处于磨合阶段，各地市变化也不同，因此经济与大气环境之间关系密切，但也是复杂的。由于政策、交通等条件，郑州市经济与大气环境协调水平较高，2009—2019 年整体也呈上升趋势。以郑州为中心，由于交通、政策条件，开封、洛阳等城市经济与大气环境协调水平也稳步上升；平顶山等城市煤炭产业比重较大，因此大气环境压力大，其协调度水平甚至出现降低的情况；而经济较落后的驻马店等城市，因为交通、资源等条件的限制，地区内产业发展模式不合理，导致其大气环境压力较其他城市大，协调水平持续偏低。

表 3.2-7 2009—2018 年河南省经济与大气环境协调度

省辖市	2009	2010	2011	2012	2013	2014	2015	2016	2017	2018	平均值
郑州	0.76	0.69	0.75	0.77	0.82	0.8	0.8	0.77	0.81	0.83	0.78
开封	0.55	0.62	0.63	0.61	0.54	0.61	0.63	0.56	0.64	0.63	0.60
洛阳	0.72	0.66	0.63	0.64	0.64	0.72	0.69	0.69	0.69	0.7	0.68
平顶山	0.67	0.66	0.64	0.65	0.62	0.66	0.6	0.57	0.62	0.64	0.63
安阳	0.69	0.66	0.67	0.67	0.68	0.64	0.63	0.58	0.65	0.67	0.65
鹤壁	0.68	0.63	0.6	0.63	0.61	0.66	0.67	0.62	0.7	0.68	0.65
新乡	0.68	0.67	0.66	0.71	0.72	0.72	0.69	0.61	0.62	0.61	0.67
焦作	0.7	0.66	0.68	0.68	0.7	0.73	0.7	0.62	0.7	0.69	0.69
濮阳	0.53	0.58	0.53	0.58	0.56	0.56	0.64	0.66	0.61	0.6	0.59
许昌	0.7	0.7	0.68	0.7	0.74	0.72	0.72	0.66	0.72	0.71	0.71
漯河	0.57	0.62	0.65	0.61	0.56	0.6	0.61	0.7	0.64	0.62	0.62
三门峡	0.69	0.69	0.68	0.72	0.68	0.7	0.7	0.6	0.63	0.65	0.67
南阳	0.63	0.64	0.62	0.61	0.58	0.62	0.64	0.6	0.63	0.6	0.62
商丘	0.52	0.53	0.52	0.51	0.46	0.53	0.55	0.57	0.55	0.53	0.53
信阳	0.49	0.52	0.47	0.49	0.44	0.5	0.51	0.55	0.5	0.52	0.50
周口	0.47	0.51	0.45	0.43	0.46	0.5	0.48	0.56	0.48	0.46	0.48
驻马店	0.45	0.48	0.51	0.48	0.45	0.51	0.53	0.52	0.54	0.53	0.50
济源	0.72	0.73	0.66	0.71	0.65	0.74	0.73	0.63	0.7	0.72	0.70
平均水平	0.62	0.63	0.61	0.62	0.61	0.64	0.64	0.62	0.64	0.63	—

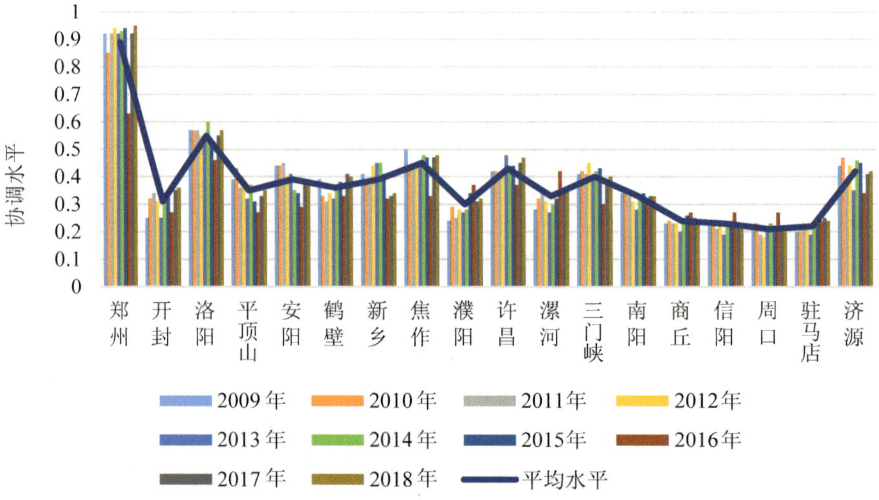

图 3.2-3　2009—2018 年河南各地市经济与大气环境协调状况

3.3　主要环境问题

虽然河南省生态环境保护工作取得了积极成效，环境质量得到一定改善，呈现出持续向好的态势，但作为人口大省、发展中大省，正处于工业化城镇化加速推进阶段，面临加快发展和环境治理的双重任务，生态环境保护工作压力巨大。

2018 年，全省各级各部门深入学习贯彻习近平生态文明思想和全国、全省生态环保大会精神，以全国人大常委会大气污染防治法执法检查和中央环保督察“回头看”为契机，把打赢蓝天保卫战作为污染防治的重中之重，紧盯目标不放松，持续发力不懈怠，深入推进污染防治攻坚战，全力改善环境质量。

3.3.1　地表水环境质量依然严峻，部分河流污染依然较重

当前河南省环境质量纵向比有进步，横向比有差距，部分区域领域问题仍较为突出：①水质进一步提升的空间有限。河南省是极度缺水的省份，受经济和技术水平制约，污染源达标排放的废水仍然是劣V类丧失使用功能的水体，远不能满足目标要求。②部分河流污染依然较重。全省河流水质呈现稳中向好的态势，部分河流水质仍然较差，有的甚至持续恶化。郑州白沙水库、南阳唐河埠口、信阳淮河干流和白露河等断面仍不能稳定达标。③黑臭水体整治有待进一步推进。2018 年，省住建厅组织对全省

黑臭水体进行了重新全面排查，仅省辖市又新增排查出23个黑臭水体。此外，县城黑臭水体中，还存在未排查到位和整治进展慢的情况，直接影响水环境质量。④农村环境问题日益凸显。河南省农村环境基础设施薄弱，种植业、养殖业产生的大量废弃物未能充分得到及时处置和有效利用，垃圾、秸秆、畜禽粪便随意堆放的现象仍然存在，一些地区还处于“垃圾靠风刮，污水靠蒸发”的状态；农村污水、垃圾处理设施建设滞后，乡镇、城乡接合部的部分生活污水未经处理直接排放。⑤个别地方政府重视不够。个别地方绿色发展理念还不牢固，对流域污染防治系统性、科学性认识不足，统筹解决流域水环境问题的措施不够有力，对一些重大水污染治理工程建设项目不够重视，推动不力。⑥能力有差距。河南省环保基础能力仍较薄弱，部分市县污水处理厂、垃圾填埋场及配套设施建设滞后；一些地方和部门运用法律手段、法治思维、法治方式解决污染问题能力不足，对一些严重违法行为存在失之于宽、失之于软甚至以罚代管的现象；联防联控、合力治污的精准性、联动性、有效性还有待提高。

3.3.2 完成河南省污染防治攻坚战三年行动计划中大气考核目标任务十分艰巨

大气攻坚战执行以来，通过各项有效的管控措施及政策，全省空气质量改善明显，成效显著，但$PM_{2.5}$浓度仍处于较高水平。2018年，省辖市$PM_{2.5}$平均浓度为61 μg/m^3，且18个省辖市中无一市达标，与《河南省污染防治攻坚战三年行动计划》中规定的2020年信阳、南阳、周口、驻马店 4 市达到国家环境空气质量二级标准（$PM_{2.5}$年均浓度≤35 μg/m^3），许昌、漯河2市到2021年达到国家环境空气质量二级标准，开封、商丘2市到2023年达到国家环境空气质量二级标准的预期目标相差甚远，完成目标任务十分艰巨。

2018年，由于O_3污染趋势日益加重，超标天数增多，导致河南省优良天数比例仅为56.6%，若要完成《河南省污染防治攻坚战三年行动计划》中规定的2019年全年优良天数比例达到65%以上，2020年优良天数比例力争达到70%的目标任务，尚需付出巨大的努力。

3.3.3 生态环境无明显改善，山、水、林、田仍需进一步加强统筹保护

生态安全格局尚未形成，中度以上生态脆弱国土面积仍然较多。城市生态系统的发展变化是伴随着城市化的进程而发展变化的，快速提高的城镇化率，造成自然生态

环境绝对面积的减少。矿产资源过度开发利用导致的生态破坏问题突出，生态空间不断被蚕食侵占，湿地面积较少并有下降趋势，生物多样性尚未得到有效保护。

3.3.4 资源约束趋紧，环境质量改善难度加大

河南省人口总量大、人均占有资源少。水资源缺乏且年际与地域分布不均，省内42条主要河流中有35条河流无源头水，海河及淮河主要支流环境流量基本无保障，水源性缺水和水质性缺水问题并存；省内能源消费结构不合理，非化石能源占一次能源消费比重远低于国家平均水平，燃煤消费比重仍然很高，部分地方燃气普及率低，省辖城市集中供热率低，相当一部分县级城市未集中供热，仍有散煤燃烧直排现象存在，资源能源对空气质量的改善约束加剧，造成经济发展与环境保护的矛盾突出。

3.4 对策建议

3.4.1 实施“蓝天工程”，改善环境空气质量

3.4.1.1 实施城市空气质量清单式管理

继续实施《河南省蓝天工程行动计划》和《河南省污染防治攻坚战三年行动计划》，以实施大气污染治理为核心，以改善城市环境空气质量为目标，以环境质量“只能更好、不能变坏”为地方各级政府环保责任红线，以燃煤、工业、机动车船、扬尘、农业等大气污染综合防治为重点，推行区域大气污染联合防治，重视重污染天气应急应对，实施最严格的环境保护制度，强化统筹协调，加强部门协作，严格执法监管，严格目标考核，落实党政同责、一岗双责的要求，努力形成政府主导、部门协作、企业施治、社会共治的大气污染防治格局，实现城市环境空气质量总体改善的目标，为“十三五”经济社会发展腾出环境容量。每年制定并下达省辖市、县（市、区）环境空气质量目标清单，加强目标任务完成情况考核。加大环境空气质量改善情况公开力度，实时公布环境空气质量信息，逐月公布城市环境空气质量排名。

3.4.1.2 治理燃煤污染

坚决从源头上严把煤炭消费准入关，全省范围内原则上不再新增非电行业耗煤项

目，确因产业发展和民生需要新上耗煤项目的，要全面落实煤炭消费减量替代。对未完成煤炭消费总量控制目标的省辖市实施耗煤项目能评限批（民生项目除外），煤炭消费总量控制指标进入绿色预警区域后可以解除能评限批。分解下达各省辖市及 2019 重点企业年煤炭消费总量控制目标，按月发布各省辖市煤炭消费总量目标监测情况，引导地方和重点企业合理安排生产经营活动。2019 年，力争全省煤炭消费总量控制在 2.1 亿 t 左右，同比下降 5%左右。对 2018 年空气质量排序后三位的 3 个地市，严格燃煤项目审批，其中，对驻马店新上非电行业燃煤项目实施区域限批，对周口、许昌市的新上非电行业燃煤项目实行 2 倍减量替代。

3.4.1.3 深化工业污染治理

严格控制高耗能、高污染行业新增产能。加大钢铁、煤炭等行业过剩产能淘汰力度，公布地方性落后产能淘汰目录，加快传统产业转型升级。对钢铁、焦化、建材、有色金属、石油、化工等重点行业实行清洁生产技术改造。实施工业炉窑和砖瓦炉窑提标治理，对重点涉气企业和“小散乱差”企业实施分类治理，对涉气环保违法违规建设项目进行整改清理。加强对石油炼制、石油化学、表面涂装、包装印刷、有机化工、储油库、加油站、油罐车、规模化餐饮场所等重点行业进行挥发性有机物治理。

3.4.1.4 强化机动车污染治理

积极推进机动车和非道路移动机械排气污染防治，综合采取车辆注销报废、限行禁行、财政补贴、排放检验、尾气提标治理等措施，继续加快推进黄标车和老旧车辆淘汰及回收拆解，加大非道路移动机械等高污染车辆治理力度，禁止使用排放不达标的非道路移动机械。提升成品油质量，全面供应国Ⅴ标准车用乙醇汽油、柴油，积极推动国Ⅵ标准车用乙醇汽油、柴油提标升级。推广新能源汽车，政府机关与大中型企、事业单位带头配套建设新能源汽车充电设施，大力发展新能源和天然气环卫、公交及物流车辆。进一步完善城市机动车拥堵路段疏导方案。各省辖市定期组织城区机动车拥堵路段及敏感区域排查，对经常发生拥堵的路段及敏感区域，要加强现场疏导，合理组织车流，科学安排路线，提高道路通行效率，避免因机动车怠速运行加重尾气排放污染。

3.4.1.5 加强面源污染治理

对施工工地主要扬尘产生点安装视频监控装置，实施全过程监控，严格落实绿色施工要求。强化道路扬尘治理，采取定期保洁、机械化清扫、定时洒水等措施，减少道路积尘，对城乡接合部裸露地面实施环境综合整治。大力提升城市垃圾、渣土等运输和处置管理水平，加大夜间渣土车、大型运输车辆整治力度，清运车辆要安装卫星定位监控终端，实行密闭洁净运输。大型煤堆、料堆实现全封闭储存。严禁露天焚烧、原煤散烧和露天烧烤，对餐饮业严格实施油烟控制，安装高效净化设施。加强噪声污染防控。

3.4.1.6 强化重污染天气应急应对

将重污染天气应急响应纳入各地政府突发事件应急管理体系。实行与京津冀相同的应急响应标准，科学确定不同级别的应急减排措施。建立完善环保、气象部门空气质量联合会商机制，健全重污染天气预警预报机制。加强省市联动、区域协作，建立以郑州为中心的区域联防联控机制，推进与京津冀大气污染协同治理。

3.4.2 持续改善水环境质量

3.4.2.1 着重巩固现有水质不恶化

一是巩固提升郑州、洛阳、许昌、漯河、南阳、信阳 6 个重点城市的水环境质量；二是持续改善安阳河、马颊河、洪河等 8 条河流水质；三是重点整治惠济河、卫河、宏农涧河、涧河、共产主义渠等污染较重河流。通过巩固、改善和整治这些河流，以确保水质现状不恶化。

3.4.2.2 努力保障饮用水环境安全

完善南水北调中线水源地、省辖市、县城、乡镇饮用水水源地四级保护和管理体系，加强南水北调中线水源地和总干渠水源地环境保护，保障一渠清水北送。开展集中式地下水型和农村集中式饮用水水源地环境状况调查。建立从水源到水龙头全过程监管制度，在重要饮用水水源地逐步开展水质生物毒性预警体系建设。省辖市定期向社会公布水源地、供水厂和水龙头水质情况。集中力量打好饮用水水源整治攻坚战役，进一步完善县级地表水型集中式饮用水水源保护区违法违规问题清单，督促、指导各地依法高标准整治保护区内违法违规问题，进一步对供水人口在 10 000 人或日供水在 1 000 t 以上的其他所有饮用水水源地进行摸底排查，并开始问题整治，同时做好饮用水水源地保护区设标立界等规范化建设工作。

3.4.2.3 实施控制单元水环境质量管理

完善流域水环境功能区—控制单元两级分区体系，优化水环境质量断面监测网络，强化水环境质量目标管理。对环境问题突出、未达到水质目标要求的控制单元，根据水质改善目标制定区域、流域排放标准，明确容量总量控制要求和实施基于水质约束的排污许可，将治污任务逐一落实到汇水范围内排污单位。落实控制单元治污责任，未达到目标要求的控制单元要制定达标方案，明确防治措施及达标时限，定期向社会公开，必要时对其采取区域限批等措施。全面推行“河长制”。

3.4.2.4 强化城市河流治理

对河南省县级以上城市规划区内现有河流开展整治，重点整治省辖市建成区黑臭水体，每半年向社会公布治理情况。到2020年，省辖市、县级市城市建成区内消除黑臭水体。

3.4.2.5 深化重点流域治理

采取加快产业结构调整、污染源治理、截污、清淤、生态修复、生态补水等措施，着力改善污染严重河流的水质，推进卫河、共产主义渠、清潩河、双洎河、颍河、洪河、黑泥泉河、宏农涧河、蟒河等河流综合整治。实施重点流域治污减排、河道清淤疏浚、河道生态修复等工程，打通“断头河”，实现水通、水畅、水净。到2019年，省辖海河流域水质优良比例达到46.7%，淮河流域水质优良比例达到50%，黄河流域水质优良比例达到66.7%，长江流域水质优良比例达到90.9%。到2020年，各流域水质稳定达标。

3.4.2.6 开展河流生态修复和改善主要河流生态流量

加强湿地恢复保护，开展重点湖泊河流生态环境修复试点，因地制宜推进小流域生态修复和综合治理。实施河道生态用水补给工程和污水处理厂尾水人工湿地工程，以南水北调中线工程为依托，充分利用黄河干流和南水北调中线水资源，综合施策，减轻河流和地下水开发利用程度，改善主要河流生态流量。分批分期在省辖淮河、黄河、海河流域开展改善主要河流生态流量试点，科学确定生态流量，作为水量调度的重要参考。在主要水源涵养区建设人工影响天气作业基地，通过开发空中云水资源改善主要河流生态流量。

3.4.2.7 推进地下水污染综合防治

定期调查评估集中式地下水型饮用水水源补给区等区域环境状况。推动地下水超采漏斗区和敏感区域综合治理试点工作，逐步实现地下水采补平衡。

3.4.3 加强环境基础设施建设与运行

3.4.3.1 加快完善城镇污水处理系统

以城镇新区、产业集聚区、城乡一体化示范区为重点，加快污水管网建设，推进雨污分流改造。对现有城镇污水处理设施因地制宜实施提标改造，强化脱氮除磷设施同步提标改造，有条件的，配套建设湿地生态处理系统。到2020年，省辖市、县（市、区）污水处理率分别达到 95%、85%左右。大力推进城镇污水再生利用，加强城镇污水处理厂污泥处理处置，到2020年，省辖市城市再生水利用率达到30%以上，污泥无害化处置率达到90%以上。大力推进建制镇污水处理设施建设，到2020年，南水北调中线水源地丹江口库区汇水区及总干渠沿线建制镇、水源保护区的建制镇、全国重点镇和省界周边的建制镇要全部建成污水处理设施。整县推进农村污水处理统一规划、统一建设、统一管理，积极推动城镇污水处理设施和服务向农村延伸。

3.4.3.2 实现城镇垃圾处理全覆盖和处置设施稳定运行

加快县城垃圾处理设施建设，实现城镇垃圾处理设施全覆盖，加强垃圾处理设施改造，提高城市生活垃圾处理减量化、资源化和无害化水平。到2020年，设市城市、县城、建制镇生活垃圾无害化处理率分别达到 100%、90%、70%，90%以上村庄的生活垃圾得到有效治理。完善收集储运系统，设市城市全面推行密闭化收运，实现干、湿垃圾分类收集转运，乡镇垃圾收集转运设施实现全覆盖。加强垃圾渗滤液处理处置、焚烧飞灰处理处置、填埋场甲烷利用和恶臭处理，向社会公开垃圾处置设施污染物排放情况。以设市城市为重点，建设生活垃圾分类示范城市（区）、生活垃圾存量治理示范项目、餐厨垃圾处理设施。

3.4.3.3 加快能源清洁化利用基础设施建设

加快建设城市电动汽车充电设施。逐步扩大集中供热面积，到2020年，郑州、开封、安阳、鹤壁、新乡、焦作、濮阳7市城市建成区集中供热普及率提高到80%以上，其他省辖市城市建成区集中供热普及率达到75%以上，其他具备集中供热条件的县级市和县集中供热普及率达到50%左右。实施清洁能源替代工程，对暂不具备改用清洁燃料的地方，加快散烧煤清洁化治理，建设洁净煤配送中心，建立以县（市、区）为单位的全密闭配煤中心以及覆盖所有乡镇、村的洁净煤供应网络，将优质低硫低灰散煤、洁净型煤在民用燃煤中的使用比例提高到80%以上。推进“气化河南”建设，到2020年，河南省城市、县城和建制镇燃气普及率分别达到97%、90%、80%以上。

3.4.3.4 推进海绵城市建设

转变城市规划建设理念，保护和恢复城市生态。老城区以问题为导向，以解决城市内涝、雨水收集利用、黑臭水体治理为突破口，推进区域整体治理，避免大拆大建。城市新区以目标为导向，优先保护生态环境，合理控制开发强度。综合采取“渗、滞、蓄、净、用、排”等措施，加强海绵型建筑与小区、海绵型道路与广场、海绵型公园和绿地、雨水调蓄与排水防涝设施等建设。大力推进城市排水防涝设施达标建设，加快改造和消除城市易涝点。到2020年，城市建成区20%以上、县城10%以上的面积达到海绵城市建设目标要求。

3.4.4 协同控制能源资源消耗

3.4.4.1 建立资源环境承载能力监测预警机制

加强资源环境承载能力监测预警，对接近或达到警戒线的地方实行限制性措施。合理设定资源能源消耗上线，实施水资源、建设用地、能源消耗总量和强度双控。依据城市、区域、流域资源环境承载能力，确定重点地区造纸、毛皮制革、印染等行业规模限值。各环境质量超标地方实施行业内新建项目重点污染物排放总量超量或倍量替代。电力、钢铁、水泥、平板玻璃等产能过剩行业实施产能减量置换。2020年年底前，完成省、省辖市、县（市、区）资源环境承载能力现状评价，超过承载能力的地区要调整发展规划和产业结构。

3.4.4.2 控制煤炭消费总量

提高全社会能源使用效率，加强工业、建筑、交通运输、公共机构等领域能耗管控，到2020年，河南省50%的城镇新建建筑按二星级以上绿色建筑标准设计建造，完成对县级以上公共机构建筑及主要耗能设施、能效不达标的在用燃煤锅炉的节能改造。控制高硫高灰煤开发和销售，推进煤炭清洁化利用，煤炭入洗率提高到80%。严格控制煤炭消费总量，到2020年，完成国家下达的煤炭消费总量控制目标任务。

3.4.4.3 推进节水减污

实施钢铁、电力、造纸、焦化、氮肥、农副产品加工、皮毛制革、印染、有色金属、原料药制造、电镀等行业取水量和污染物排放总量协同控制。电力、钢铁、印染纺织、造纸、石油石化、化工、食品发酵等高耗水行业达到先进定额标准。推广普及先进适用的节水工艺、技术和器具，推进节水型城市建设。大力推行规模化高效节水灌溉。到2020年，河南省年用水总量控制在282.15亿m^3以内，河南省万元国内生产总值用水量、万元工业增加值用水量比2015年分别下降25%、25%以上，市级及以上缺水城市全部达到国家节水型城市标准要求。

3.4.4.4 严控生态用地占用

加强永久基本农田和生态保护红线的衔接协调，对划入生态保护红线的生态用地不得占用，其他用地类型除了必要的基础设施和居民生活外应逐步退出。严控新增建设用地，加强城镇周边地区耕地、林地、湿地等保护，推进城镇低效用地再开发和工矿废弃地复垦。到2020年，历史遗留矿山废弃地复垦面积达到7.7万亩。合理降低耕地开发强度，控制非农建设对耕地的占用，严格控制农村集体建设用地规模，到2020年，河南省耕地保有量不低于12 035万亩。在地下水漏斗区、重金属污染区、生态严重退化区探索开展耕地轮作休耕试点。

第四篇

专　题

4.1 基于精细化管理的河南省空气质量数据保障方案制定

河南省总面积16.7万km^2，占全国面积的1.74%，现辖18个省辖市，159个区、县（市），1 804个乡镇。目前，已建成75个国家环境空气质量监测网城市站（以下简称国控空气站），263个河南省各市、县环境空气质量自动监测站（简称省控空气站），1 804个乡（镇）环境空气质量自动监测站（简称乡镇空气站），为了保障空气监测站点的正常运维、监测数据的准确可靠性、体现以空气监测数据为基础的每月空气质量排名的公平、公正性，依据《中华人民共和国大气污染防治法》《大气污染防治行动计划》（国发〔2013〕37号）、《环境监测数据弄虚作假行为判定及处理办法》以及国家和省有关生态环境法规与环境空气质量自动监测技术规范，结合日常运维及数据分析过程中出现的各种异常情况，特制订此方案。

4.1.1 相关依据

依据《环境空气质量标准》（GB 3095—2012）、《环境空气质量指数（AQI）技术规定（试行）》（HJ 633—2012）、《环境空气颗粒物（PM_{10}和$PM_{2.5}$）连续自动监测系统技术要求及检测方法》（HJ 653—2013）、《环境空气气态污染物（SO_2、NO_2、O_3、CO）连续自动监测系统技术要求及检测方法》（HJ 654—2013）、《环境空气颗粒物（PM_{10}和$PM_{2.5}$）连续自动监测系统运行和质控技术规范》（HJ 817—2018）、《环境空气气态污染物（SO_2、NO_2、O_3、CO）连续自动监测系统运行和质控技术规范》（HJ 818—2018）、《河南省环境空气质量自动监测站运行管理试行办法》（豫环文〔2015〕285号）等相关技术规范。

4.1.2 空气监测数据质量保障方案

适用于全省范围内空气站的运维管理，主要内容包括站房、系统、运维和数据的质控、传输、审核等方面。国控空气站由中国环境监测总站运维管理，地方生态环境部门做好保障；省控空气站运维管理采用省生态环境厅组织，省环境监测中心、省环境监控中心具体负责、地方生态环境部门配合和运维、质控机构实施的管理模式；

乡镇站由当地省辖市生态环境部门负责运维管理。

4.1.2.1 管理机构和职责分工

河南省生态环境厅负责省控空气站运行的组织管理，主要职责：

全省环境空气质量自动监测网络的规划、计划和点位优化的组织工作；国家委托的国控空气自动站和省控空气站的建设、更新与验收的组织工作；省控空气站的运维招标和运行管理的经费筹集、划拨的协调及组织工作；对运维、质控机构绩效考核的组织工作；组织全省空气站质控体系运行情况监督检查。

河南省环境监测中心负责省控空气站的具体管理，主要职责：

国家委托的国控空气站、省控空气站的建设、更新和验收的技术指导和日常管理；省控空气站运维招标的具体实施和运维、质控机构的日常管理；制定省控空气站第三方运维管理的技术规范、质控要求并组织实施；对省控空气站上传数据的日常管理、质控监管和抽查核查；对省控空气站运维、质控机构的日常考核，并提出运维资金的拨付建议；负责乡镇站的联网工作。

河南省环境监控中心负责省控空气站信息的传输和管理工作，主要职责：

指导省控空气站网络信息安全建设；负责规划、分配全省生态环境专网地址；负责省控空气站、乡镇空气站信息传输和数据处理平台运行的管理。

省辖市生态环境局负责城市空气站运维管理的配合工作，主要职责：

辖区环境空气质量自动监测网络的规划、计划和点位优化工作，并报省生态环境厅审批后实施；辖区国控、省控空气站的建设、更新和验收的配合工作；乡镇空气站的建设、更新和验收工作；辖区国控、省控空气站供电、通信等正常运行条件保障和周边运行环境的优化工作；辖区省控空气站监测数据的审核，并及时向河南省环境监测中心反映发现的数据异常问题。

运维机构负责空气站的日常运行和维护工作，主要职责：

按照运维合同、相关管理和技术规范的要求，实施省控空气站的运行管理和维护，确保其正常稳定运行；按照质控管理要求实施省控空气站监测数据的质量控制，确保数据质量和正常稳定上传；配备具有满足空气站运维和数据质控要求的高素质人员、仪器设备和交通工具；接受运维委托单位及日常管理单位监管，并及时报告发现的问题。

质控机构负责核查空气站运维机构的运维、质量保证和质量控制工作完成情况，主要职责：

按照质控检查合同、相关管理和技术规范的要求，实施省控空气站的例行检查、飞行检查和联机比对工作，确保省控空气站监测数据的真实、准确；按照质控检查合同、相关管理的要求，开展省控空气站数据的分析工作，并提供各类相关报表及报告，上报河南省环境监测中心；配备具有满足空气站质控检查和数据分析要求的高素质人员、仪器设备和交通工具；接受日常管理单位的监管，并及时报告发现的问题。

4.1.2.2 点位和站房管理

空气站点位布设选址应符合《环境空气质量监测点位布设技术规范（试行）》（HJ 664—2013）的有关要求，需移动和变更的，由市生态环境局编制技术报告向省生态环境厅提出申请，省生态环境厅批准后方可进行后续工作。空气站点位一经设定，原则上 5 年内不得变更调整；移动板房必须符合相关临时性建（构）筑物设计和建造要求，空气站应配备 UPS 和稳压电源，站房及基础设施的设计、验收、设备更新等记录需存档备查。未经许可，不得在空气站内建设与其无关的建筑和设施，不得改变原有建筑和设施的用途；运维单位应建立空气站档案，档案应包括点位名称、编码、位置、经纬度坐标、监测设备、建设时间及变更记录、周边环境、平面示意图等内容，并报河南省生态环境厅备案；省辖市生态环境局应保障辖区内空气站的安全，每年定期委托有资质的专业检验检测部门对空气站进行消防检查，并将检查结果上报省生态环境厅备案。

4.1.2.3 系统组成

空气站监测系统包括采样系统、监测分析仪器系统、数据采集和传输系统、质量保证系统和其他辅助设备等；空气站主要配置 PM_{10}、$PM_{2.5}$、SO_2、NO_2、CO、O_3 监测仪器、校准仪器、气象参数监测仪器、颗粒物手工比对设备，以及空调、配电、防雷、安防等辅助设备，根据需要还可以配置能见度监测仪、城市环境摄影系统等；当国家相关法律法规或标准要求新增空气质量监测项目时，及时新增配置相应的监测仪器；仪器设备关键技术参数的种类及其使用、调整等管理要求参照《国家环境空气质量监测网城市站自动监测仪器关键技术参数管理规定（试行）》执行。仪器设备的更换需严格履行有关程序，不得随意更换。

（1）原则上使用 6 年以上（含 6 年）或仪器性能降低不能满足监测技术要求的仪器设备（主要包括自动监测仪器、校准设备、气象仪器、数据采集与传输设备、工控机和计算机等）可进行更换。

（2）确需更换仪器设备时，省辖市生态环境局向省生态环境厅提出申请，申请材料包括拟更换仪器设备所在城市站点信息、设备型号、运维公司出具的仪器使用年限和性能状态情况说明及故障维修情况等，省生态环境厅批准同意后方可实施更换程序。

（3）更换的仪器设备应满足国家相关技术性能指标，并通过生态环境部环境空气连续自动监测适用性检测，仪器设备（安装、调试、试运行及验收必须满足 HJ 193 和 HJ 655 标准要求，仪器安装完毕后，省辖市生态环境局应及时按照国家相关规范组织验收并报省生态环境厅备案。

4.1.2.4 运行管理

生态环境主管部门建立空气自动站质量管理制度、运行管理制度和运行维护计划；运维、质控机构应严格按照国家和省有关环境空气自动监测质量管理的相关规定开展运维工作；运维机构负责所运维空气自动站的日常质量管理、运行维护、仪器设备维修及安全工作，每周至少一次现场检查维护、校准，按国家和省质量管理要求做好各项记录。日常运维工作的内容和要求需参照《国家环境空气质量监测网城市站运行管理实施细则（试行）》中国家城市站运维工作内容的相关要求以及合同约定的内容进行；运维机构需配合省、市环境管理人员做好各项质量监督检查和空气自动站安全工作，发现干扰监测数据和破坏监测站周边环境的行为需及时报告生态环境主管部门；省控空气站需暂时停止运行的，因运维保障需要停运 4 天及以下的，由站点所在市级生态环境监测部门提出申请，报河南省环境监测中心同意后实施；其他暂时停运，须由市级生态环境局提出申请，报河南省生态环境厅批准。

存在以下行为的，认定为空气自动站不正常运行，受到非正常干扰干预：

（1）未经相应管理权限生态环境主管部门批准同意，擅自停运、变更、增减环境空气监测点位或者故意改变环境空气监测点位属性；

（2）采取人工遮挡、堵塞和喷淋等方式，干扰采样口或周围局部环境；

（3）人为操纵、干预或者破坏空气自动站运行维护管理的正常参数设置；

（4）破坏损毁监测设备、站房、通信线路、信息采集传输设备、视频设备、电力设备、空调、风机、采样泵、采样管线、监控仪器仪表或其他监测监控辅助设施的；

（5）故意更换、隐匿、遗弃空气自动站标准样品，或者通过稀释、吸附、吸收、过滤等方式改变空气质量监测样品；

（6）故意不真实记录或者选择性记录原始数据，篡改、销毁原始记录，或者不按规范传输原始数据，无正当理由审核数据；

（7）未经中国环境监测总站、河南省环境监测中心或市级生态环境局批准，擅自进入国控、省控、乡镇空气站站房、房顶、站点栅栏及采样器 20 m 范围内的；

（8）进入空气站采样区和站房的钥匙未经中国环境监测总站、河南省环境监测中心或市级生态环境局批准由除运维人员之外的人员保管的；

（9）电力保障不力：包括每月站房停电次数超过 5 次；空气站附近周边均未停电，仅空气站停电的；重污染天气期间，因停电影响当地颗粒物日报生成超过 2 次的；未经相应管理权限生态环境主管部门批准空气站连续停电超过 4 天的。

4.1.2.5 质量管理

河南省生态环境厅定期组织对省控空气站、乡镇空气站开展专项检查和监督检查。省辖市生态环境局应定期组织对乡镇空气站开展专项检查和监督；河南省环境监测中心做好对运维、质控服务机构的监管，并定期组织开展专项检查、联机比对、手工比对、O_3 传递等工作，负责省控空气站自动监测运维、质控人员的技术培训和持证上岗考核；因运维不当导致仪器报废的，运维机构应依法或依照运维合同的约定，承担相应责任；因火灾、地震、自然灾害等不可抗力导致仪器报废的，由当地生态环境部门负责更换；运维、质控机构对监测数据负有保密责任，必须与河南省环境监测中心签订保密协议，未经河南省环境监测中心同意，不得将省级城市站数据提供给任何第三方，不得利用省级城市站数据、档案或有关资料对外开展技术交流、科学研究、业务联系、数据交换等。违反保密规定的，河南省环境监测中心有权终止合同，依法追究运维机构相关人员责任，并向社会公布。

4.1.2.6 数据管理与传输

运维机构负责空气站监测数据的采集、初审和上传工作，确保数据及时有效上传到国家、省、市级生态环境部门的数据平台。不得擅自停测、停报数据，并对空气站监测数据的完整性、准确性、真实性负责；空气站监测数据的审核上报工作按照生态环境部要求进行；数据传输模式、格式以及其他技术要求按照《环境监测信息传输规定》（HJ 660—2013）执行；数据采集频率、异常值取舍与有效值确定，严格按照国家监测技术要求执行，任何单位和个人不得擅自修改、删除原始数据。

因空气站日报未生成导致县（市、区）城市日报未生成的，分以下两种情况处理：

（1）因仪器故障、系统故障、运维等原因导致该县（市、区）城市日报未生成的，使用所在省辖市辖区内所有参与考核的县（市、区）城市日均值的平均值进行评价；

（2）因地方电力保障不力、站房保障不到位等原因导致县（市、区）城市日报未生成的，使用所在省辖市辖区内所有参与考核的县（市、区）空气站日均值的最大值进行评价。

数据收集、分析、传输按照国家和省有关规定执行。数据的时效性根据国家标准有关规定执行。省环境监测中心负责统一收集、管理各省辖市、省直管县（市）的空气站监测数据。监测数据达到预警条件时，应按照《河南省环境监测预警响应暂行规定》启动相应的预警程序。

4.1.2.7 运行考核

河南省生态环境厅组织对省控空气站运维、质控机构开展绩效考核。考核结果作为空气站运维费支付的依据；运维机构随意剔除正常监测数据、编造或更改监测数据、授意或故意出具虚假监测数据的；在有关环境服务活动中弄虚作假，造成严重后果的，依照有关规定和运维合同要求进行处罚；对存在数据弄虚作假行为的运维单位，已签订合同的运维单位绩效考核成绩以零分计，并按合同给予处理；同时列入黑名单，在河南省空气站运行管理项目招标时，不予考虑。

各省辖市生态环境局有下列情形之一者，在全省生态环境系统给予通报批评，并按省生态环境厅有关规定处理：

（1）不履行规定职责的；

（2）拒绝或屡次迟报空气站数据的；

（3）拖延、阻碍、拒绝质量检查的。

4.2　社会、经济、环境协调发展的河南省省辖市空气质量目标分配分析

当前，随着人口持续增长以及工业化、城镇化的快速推进，能源消费总量不断上升，大气污染物排放量将继续增加，经济增长的环境约束日趋强化，河南省大气环境污染形势异常严峻，如何解决污染物排放量与大气环境容量之间的矛盾，是河南省大气环境保护工作面临的巨大挑战。《关于印发 2016 年各省（区、市）环保约束性指标计划的通知》（环办规财函〔2016〕1579 号）及“十三五”大气污染防治规划中均提出了 2020 年河南省的空气质量目标任务。为落实地方政府大气污染防治责任，严格目标约束，强化工作考核，确保完成 2020 年国家对河南省下达的环境空气质量改善目标任务，亟须对 2018—2020 年度环境空气质量改善目标进行了分解，拟定各地市环境空气质量改善目标。

空气质量改善目标是指为加强空气质量管理、有效控制大气污染物排放改善环境，在某一地区、某一时期内，对照《环境空气质量标准》（GB 3095—2012）中不同功能区的不同浓度限值确定各常规污染物的达标限值，即“达标浓度”，根据已有数据中该地区的现有大气环境质量，结合“达标浓度”，确定适当的大气质量改善目标。目前最常用的目标分配方法有等比例分配法、贡献率法和基于环境容量法。河南省采用综合法分别对 2019 年、2020 年全省及 18 个省辖市 $PM_{2.5}$ 和优良天数目标值进行测算。综合法是这三种方法的改进，是根据各地市的经济和社会发展情况并参考减排比例，构建污染削减分配公平准则体系，得到的削减目标值。

4.2.1 分配原则

社会—经济—环境协调原则就是指要使经济建设、城乡建设和环境建设同步规划、同步实施、同步发展，实现经济效益、社会效益和环境效益的统一。基于社会—经济—环境协调的方法是最优化方法。这种方法是指将大气污染控制对策的环境效益和经济费用结合起来的一种方法，运用系统工程的理论和原则，制定出大气环境质量达标而污染物总排放量最大，治理费用较小的总量控制方案。

4.2.2 分配方法

4.2.2.1 削减与分配方法

基于构建的污染削减分配公平准则体系，提出基于区域差异的改进的等比例分配方法。等比例是指各地区在基准年污染物排放量的基础上进行相同比例的削减，这是整个削减分配方法的基础，综合法（基于社会—经济—环境协调的综合分配方法的简称）是在等比例分配的基础上，根据各个指标上各个地市的差异并参考减排比例进行适当调整。一方面，综合法较为合乎国情，现实操作中较易执行；另一方面，考虑了各地区差异的分配方案合乎公平准则，容易被各方接受。

计算方法如下：

假设参与分配的 n 个不同地区在基准年的污染物排放总量为 Q（地区的排放量为 Q_i），各地区相对于 Q 的总削减率目标为 C，计算地区 i 的污染物削减量和削减比例。假设各地区的削减比例为 x_i，如果是等比例削减，则 $x_i=C$；基于公平的削减，则各地区的目标削减率为平均削减率经过调整后的值：

$$x_i = \overline{x} \times \alpha_i \quad (4.2\text{-}1)$$

式中：$\overline{x}$ ——参与分配地区的平均削减率；

α_i ——地区的削减目标的调整系数。

α_i 的值根据前面提到的经济、环境质量等影响指标的数值大小和权重确定。

计算公式为：

$$\alpha_i = \sum_{j=1}^{m} f_{ij} w_j \Big/ \left(\frac{1}{n} \sum_{i=1}^{n} \sum_{j=1}^{m} f_{ij} w_j \right) \quad (4.2\text{-}2)$$

式中：j—— 第 j 个影响指标；

f_{ij}——第 i 个地区第 j 个影响指标的值；

w_j——第 j 个指标的权重。

各地区的相对削减因子 $\overline{x}$ 的计算公式为：

$$\overline{x}=C\sum_{i=1}^{n}Q_i/\sum_{i=1}^{n}(\alpha_i Q_i) \tag{4.2-3}$$

式中：Q_i——第 i 个地区的排放量；

C——各地区总削减率目标。

各地区削减量 ΔQ_i 为：

$$\Delta Q_i=\left[C\sum_{i=1}^{n}Q_i/\sum_{i=1}^{n}(\alpha_i Q_i)\right]\times\alpha_i\times Q_i=$$

$$\left[C\sum_{i=1}^{n}Q_i/\sum_{i=1}^{n}\left(\frac{\sum_{j=1}^{m}f_{ij}w_j}{\frac{1}{n}\sum_{i=1}^{n}\sum_{j=1}^{m}f_{ij}w_j}\times Q_i\right)\right]\times \tag{4.2-4}$$

$$\left[\sum_{j=1}^{m}f_{ij}w_j/\left(\frac{1}{n}\sum_{i=1}^{n}\sum_{j=1}^{m}f_{ij}w_j\right)\right]\times Q_i$$

式中：ΔQ_i——第 i 个地区的削减量。

4.2.2.2 计算过程

（1）研究范围

数据基础年为 2014—2018 年的 $PM_{2.5}$ 浓度均值，分配目标年为 2019 年和 2020 年，分配的要素为 2019 年和 2020 年河南省各地市 $PM_{2.5}$ 的总量控制目标。

（2）数据来源

实验数据主要来自相关年份的《河南统计年鉴》《河南省环境统计年报》《河南省主体功能区规划》《河南省“十三五”生态环境保护规划》。

（3）影响大气污染物总量分配因素分析

①大气污染物水平：大气污染物排放量越多，大气污染物浓度越高，大气污染物浓度是限制性要素表示大气中污染物的浓度，大气污染物浓度越高，环境现状越差，则应该承担更多的削减责任。

②当地经济发展水平：经济水平因素是正比指标要素，经济发展水平的提高会导致污染物的排放量增加，从而承担更多的削减责任。

③污染治理水平：污染治理水平是反比指标要素，污染治理水平越高，则需要更多的经济花费在处理上，即边际成本越高。

④ 主体功能区：主体功能区的影响主要通过各个功能区所占各地区面积比例和主体功能区的功能定位、发展方向以及原则来计算的主体功能区指数。

（4）指标体系及分配原则

在对污染物分配效率进行测算时，将河南省的各地市分别作为评价单元。在构建大气污染物总量分配指标体系时，从各地市经济发展水平、大气污染物水平、污染治理水平和主体功能区 4 个方面来选取评价指标，并依据各指标内涵及差异性分配准则确定大气污染物总量削减规则。其中，区域经济发展现状是影响总量分配方案制定的主要问题，本研究选取人均 GDP、单位 GDP 能耗来表征；在大气污染物程度方面，根据目前我国大气污染物总量控制主要针对工业和城镇生活污染源，选取 $PM_{2.5}$ 的浓度和排放量这两个指标；污染治理水平选取 $PM_{2.5}$ 去除率来表征；在主体功能区差异上，由于不同主体功能区的发展目标和开发原则均不相同，相应的环境约束也有所差异，所以以各地市相应功能区类型面积的比例作为指标值，计算主要功能区指标。

表 4.2-1 指标体系及分配规则

指标	分配规则	指标含义	正负相关
大气污染物浓度	大气污染物浓度越大，分配的削减越大	大气污染物浓度越大，则环境质量越差，应该承担更大的排放削减责任	正
大气污染物排放量	大气污染物排放量越大，分配的削减越大	排放量较大的地区应承担更多的污染责任	正
人均 GDP	人均 GDP 越大，分配的削减越大	经济发展水平高的地区应承担更多的污染减排责任	正
单位 GDP 能耗	能耗越大，分配的削减越大	单位 GDP 能源消耗量越大，能源利用效率越低，则应该承担更多的排放削减责任	正
大气污染物去除率	大气污染物去除率越大，分配的削减越小	大气污染物去除率越大，表明其污染物处理水平越高，加大处理率的其他成本高，应该减少削减责任	负

指标	分配规则	指标含义	正负相关
主体功能区指数	主体功能区类型环境综合指数越大，分配的削减越小	综合指数的大小取决于各主体功能区相对于目标污染物排放量的权重和各地区不同类型主体功能区的面积构成。综合指数越低，表明环境约束目标要求越高，应该加大削减，减少污染物排放总量分配	负

（5）数据处理

根据河南省各个地市人均 GDP、单位 GDP 耗能、大气污染物排放量、空气污染物浓度、污染物去除水平和计算得到的主体功能区指数。

表 4.2-2 大气污染物总量削减分配指标

省辖市	人均 GDP/（元/人）	单位 GDP 能耗/（t 标准煤/万元）	$PM_{2.5}$ 排放量/t	大气污染物浓度/（$\mu g/m^3$）	$PM_{2.5}$ 削减率/%	主体功能区指数
郑州	84 113.50	2.20	35 638.96	84.87	0.40	0.21
开封	38 619.04	2.99	9 563.61	67.63	0.84	0.24
洛阳	56 410.33	3.96	23 591.34	83.45	0.73	0.20
平顶山	36 708.40	5.70	35 161.08	72.54	0.76	0.22
安阳	39 602.95	8.16	61 858.70	102.64	0.24	0.24
鹤壁	47 940.21	4.63	9 145.85	96.29	0.53	0.20
新乡	37 804.79	4.69	19 377.34	89.52	0.60	0.21
焦作	59 182.63	5.14	23 698.98	88.71	0.32	0.19
濮阳	40 059.02	3.29	7 356.12	70.86	0.93	0.23
许昌	54 522.20	2.66	20 626.44	75.28	0.51	0.23
漯河	41 137.86	2.55	3 610.80	67.15	0.61	0.25
三门峡	58 893.73	7.12	16 252.46	71.69	0.72	0.16
南阳	31 010.20	2.39	27 020.63	52.76	0.68	0.19
商丘	27 331.80	2.54	9 934.76	56.59	0.44	0.26
信阳	31 732.55	3.08	22 586.29	42.83	0.77	0.25
周口	25 682.07	0.57	11 325.25	49.78	0.65	0.25
驻马店	28 305.03	2.30	14 809.08	68.47	0.41	0.22
济源	73 722.41	1.36	43 958.12	54.67	0.56	0.23

由于各项指标的计量单位并不一致，在计算综合指标前，先对各项指标进行标准化处理。另外，正向指标和负向指标数值代表的含义不同，因此，对于正向和负向指标需要采用不同的算法进行数据标准化处理得到。

正向指标：

$$x_{ij} = \frac{x_{ij} - \min\{x_{1j}, \cdots, x_{nj}\}}{\max\{x_{1j}, \cdots, x_{nj}\} - \min\{x_{1j}, \cdots, x_{nj}\}} \tag{4.2-5}$$

负向指标：

$$x_{ij} = \frac{\max\{x_{1j}, \cdots, x_{nj}\} - x_{ij}}{\max\{x_{1j}, \cdots, x_{nj}\} - \min\{x_{1j}, \cdots, x_{nj}\}} \tag{4.2-6}$$

式中：x_{ij}——第 i 行第 j 列的值；

$\min\{x_{1j}, \cdots, x_{nj}\}$——第 j 列的最小值；

$\max\{x_{1j}, \cdots, x_{nj}\}$——第 j 列的最大值。

表 4.2-3 标准化结果

省辖市	人均 GDP/（元/人）	单位 GDP 能耗/（t 标准煤/万元）	$PM_{2.5}$ 排放量/t	大气污染物浓度/（μg/m^3）	$PM_{2.5}$ 去除率/%
郑州	1.00	0.21	0.55	0.70	0.77
开封	0.22	0.32	0.10	0.41	0.14
洛阳	0.53	0.45	0.34	0.68	0.29
平顶山	0.19	0.68	0.54	0.5	0.25
安阳	0.24	1.00	1.00	1.00	0.99
鹤壁	0.38	0.53	0.1	0.89	0.58
新乡	0.21	0.54	0.27	0.78	0.48
焦作	0.57	0.60	0.34	0.77	0.89
濮阳	0.25	0.36	0.06	0.47	0
许昌	0.49	0.27	0.29	0.54	0.61
漯河	0.26	0.26	0	0.41	0.47
三门峡	0.57	0.86	0.22	0.48	0.31
南阳	0.09	0.24	0.40	0.17	0.36

省辖市	人均 GDP/（元/人）	单位 GDP 能耗/（t 标准煤/万元）	$PM_{2.5}$ 排放量/t	大气污染物浓度/（$\mu g/m^3$）	$PM_{2.5}$ 去除率/%
商丘	0.03	0.26	0.11	0.23	0.71
信阳	0.1	0.33	0.33	0	0.22
周口	0	0	0.13	0.12	0.41
驻马店	0.04	0.23	0.19	0.43	0.75
济源	0.82	0.100	0.69	0.20	0.54

采用熵值法确定各指标的权重，根据改进的等比例分配法计算城市主要污染物总量控制目标。熵值法是一种客观赋权方法。它根据每个指标观测结果提供的信息大小确定指标的权重。根据熵权法公式计算出各评价指标的熵和权重。

表 4.2-4　熵值法计算结果

项目	熵值	$PM_{2.5}$ 分配权重/%
人均 GDP	0.88	15.99
单位 GDP 耗能	0.93	16.83
$PM_{2.5}$ 排放量	0.91	16.54
污染物浓度	0.94	16.96
$PM_{2.5}$ 去除率	0.94	17.06
主体功能区指数	0.92	16.62

4.2.3　削减与分配结果

总量控制计划在 2020 年，河南省 SO_2 和 NO_x 排放总量分别达到 101.61 万 t 与 108.57 万 t，则全省 SO_2 和 NO_x 分别下降了 11.2%和 14%。由此用综合法计算“十三五”期间的总量削减分配。

表 4.2-5 综合法的 2019 年、2020 年河南省辖市 $PM_{2.5}$ 总量目标分配结果

省辖市	2014—2018 年浓度均值/（μg/m³）	2019 年		2020 年	
		目标值/（μg/m³）	与 2014—2018 年浓度均值相比下降比例/%	目标值/（μg/m³）	与 2014—2018 年浓度均值相比下降比例/%
郑州	85	60	29.4	57	32.9
开封	75	49	34.7	47	37.3
洛阳	75	54	28.0	52	30.7
平顶山	81	58	28.4	52	35.8
安阳	91	68	25.3	63	30.8
鹤壁	71	43	39.4	50	29.6
新乡	82	55	32.9	53	35.4
焦作	83	60	27.7	58	30.1
濮阳	76	58	23.7	54	28.9
许昌	75	51	32.0	46	38.7
漯河	76	52	31.6	45	40.8
三门峡	71	49	31.0	47	33.8
南阳	70	48	31.4	40	42.9
商丘	74	52	29.7	45	39.2
信阳	67	46	31.3	35	47.8
周口	74	40	45.9	36	51.4
驻马店	74	44	40.5	38	48.6
济源	73	58	20.5	54	26.0
全省平均	76	52	31.6	48	36.7

4.2.4 可达性分析

与前两种方法相比，综合法得到的结果也可看出 2014—2018 年的年均值呈下降的趋势，从全省 $PM_{2.5}$ 浓度均值可以看出，2014—2020 年每年较前一年分别下降 2 μg/m³、7 μg/m³、11 μg/m³、10 μg/m³ 和 1 μg/m³、9 μg/m³、4 μg/m³，充分说明了从 2015 年开始河南省加大对污染气体排放的控制，并且在大气污染比较严重的冬季实行各种措施

确保大气污染物的削减。根据测算出的2020年年度数据，开封市、鹤壁市、许昌市、三门峡市等将在不阻碍经济发展的情况下，有望将$PM_{2.5}$浓度削减到年均值以下。

综合法是根据社会—经济—环境协调原则，在兼顾经济建设、城乡建设和环境建设同步规划、同步实施、同步发展的基础上，对全省18个地市的$PM_{2.5}$浓度削减总量分配，是在公平的基础上，对等比例方法的改进，所得到的结果考虑到了总量分配过程中的经济技术可行性问题，在理论上来说更加科学合理。

表4.2-6 2014—2020年河南省省辖市城市环境空气$PM_{2.5}$浓度各个年度均值

单位：μg/m³

省辖市	2014年	2015年	2016年	2017年	2018年	2019年	2020年
郑州	88	86	78	66	63	58	54
开封	83	74	72	62	64	51	47
洛阳	78	75	73	69	59	52	48
平顶山	88	88	75	63	65	55	51
安阳	98	91	86	79	74	62	57
鹤壁	73	71	69	61	55	49	45
新乡	93	84	80	63	61	56	52
焦作	87	84	79	73	67	57	52
濮阳	81	81	68	64	63	52	48
许昌	83	82	68	59	63	51	47
漯河	81	80	77	59	61	52	48
三门峡	76	75	66	57	57	48	45
南阳	84	74	62	53	60	48	44
商丘	77	76	77	59	62	50	46
信阳	80	71	58	50	52	46	42
周口	82	82	68	56	58	51	47
驻马店	86	75	68	54	59	50	46
济源	78	75	69	62	64	50	46
全省平均	82	80	73	62	61	52	48

4.3 基于综合质量指数法的河流排名方法探讨

城市河流一般指城市中自然或人工形成的河流、河道和小型湖泊等景观水体。因其受规划不合理、排污集中、截污不够、流量不足等影响，污染普遍较重，有的甚至发黑发臭，民众反映强烈，降低了人民群众的针对河流水体的感官幸福指数。为切实加强水污染防治工作，改善包括城市河流水质在内的地表水环境质量，国务院于2015年4月2日印发了《水污染防治行动计划》(国发〔2015〕17号)。行动计划中明确指出“整治城市黑臭水体”“综合考虑水环境质量及达标情况等因素，国家每年公布最差、最好的10个城市名单和各省辖市（区、市）水环境状况”。

为响应国家水污染防治政策的需求，河南省于2017年开展了城市河流排名工作。进行城市河流排名主要涉及两方面内容，一是评价黑臭污染物项目的确定，二是不同河流水质定量比较方法的确定。《地表水环境质量标准》(GB 3838—2002）中基本项目有24项，评价因子应主要在其中选定。有关评价黑臭水体项目的选择，郝英群等对城市河流黑臭的形成机理及其黑臭评价指标进行了探讨。目前，我国使用较多的水质评价方法有单因子评价法、综合污染指数法、模糊综合评判法、主成分分析法、水污染指数法等。由于模糊综合评判法、主成分分析法受影响的因素较多，计算较为复杂，导致每月排名工作量较大，因此不适用于排名工作；而水污染指数法在污染最重因子相同时的比较有较好的可比性，当所比较河流污染较重因子不同时，就具有局限性。因此，全省以综合污染指数法为基础，结合环保部《城市环境空气质量排名技术规定》(环办〔2014〕64号)，提出省内城市河流水环境质量排名办法，以促进各省辖市城区主要城市河流水环境质量的改善。

4.3.1 研究方法

利用全省18个省辖市60条城市河流，2017年第三季度至2018年第一季度的监测数据进行统计。

4.3.1.1 监测点位的设置

城市河流点位的设置应反映河流城区水质基本情况，主要设置在河流下游靠近城市出建城区处。

4.3.1.2　监测项目的选择

研究证明，目前条件下与黑臭水体有关的指标主要有：DO、BOD_5、COD、NH_3-N、硝酸盐氮、有机污染物、水温、pH 等。其中前 4 项含量与黑臭水体有较好的相关性。

影响我国城市河流水质的主要污染指标为 2 类：①有机污染指标，包括 DO、NH_3-N、COD_{Mn}、BOD_5；②富营养化指标（特别 TP）。目前国内外黑臭水体评价中选用频率最高的指标也是 DO、NH_3-N、COD_{Mn} 和 BOD_5，在程江等调研的 10 种方法中它们被采用的频率分别为 90%、70%、50%和 40%，表明其为控制水体黑臭的关键指标。结合《河南省城市河流清洁行动计划》要求，河流整治目标以实现“水清”、消除黑臭、城市规划区内河流达到一般景观用水标准为目标，以及《城市污水再生利用景观环境用水水质》（GB/T 18921—2002），确定省内城市河流进行监测和排名的监测因子为水温、pH、溶解氧、色度、化学需氧量、悬浮物、氨氮、总磷共 8 项。

4.3.1.3　评价标准

pH、溶解氧、化学需氧量、氨氮、总磷浓度限值见《地表水环境质量标准》（GB 3838—2002），悬浮物浓度限值见《城市污水再生利用　景观环境用水水质》（GB/T 18921—2002），色度指数采用与当月监测的河流断面中最大稀释倍数的比值计算。

表 4.3-1　地表水环境质量部分项目浓度限值　　单位：mg/L

项目	V 类
pH（量纲一）	6～9
溶解氧	≥2
化学需氧量	≤40
氨氮	≤2.0
总磷	≤0.4

表 4.3-2　景观环境用水的再生水水质部分项目浓度限值　　单位：mg/L

项目	观赏性景观环境用水	
	河道类	湖泊类
悬浮物（SS）	≤20	≤10

4.3.2 计算方法

采用城市河流环境质量综合质量指数法。计算每条河流每一项污染物的单项质量指数，然后将7项污染物的单项质量指数相加，即得到该河流环境质量综合指数。环境质量综合指数数值越大，表明综合污染程度越重。综合指数评价法是对各污染指标的相对污染指数进行统计，得出代表水体污染程度的数值，该方法用以确定污染程度和主要污染物，并对水污染状况进行综合判断。一般情况下，综合污染指数评价方法的应用，是假设各参与评价因子对水质的贡献基本相同，采用各评价因子标准指数加和的算术平均值进行计算，同时也反映了多个水质参数与相应标准之间的综合对应关系。

城市河流水环境质量综合指数综合考虑了pH、溶解氧、色度、化学需氧量、悬浮物、氨氮、总磷7项污染物的浓度水平，将各污染物的浓度进行无量纲化处理，得到各项污染物的单项质量指数，然后将各单项质量指数相加得到河流质量综合指数。城市河流环境质量综合质量指数计算方法如下。

4.3.2.1 城市河流各污染物的单项质量指数计算

污染物 i 的单项质量指数 I_i 计算：

$$I_i = \frac{C_i}{S_i} \tag{4.3-1}$$

式中：C_i —— 污染物 i 的浓度值；

S_i —— 污染物 i 对应的标准限值。

其中，对于溶解氧（DO）质量指数为：

$$I_{\mathrm{DO}} = \frac{|\mathrm{DO_f} - \mathrm{DO_j}|}{\mathrm{DO_f} - \mathrm{DO_s}} \qquad \mathrm{DO_j} \geqslant \mathrm{DO_s}$$

$$I_{\mathrm{DO}} = 10 - 9\frac{\mathrm{DO_j}}{\mathrm{DO_s}} \qquad \mathrm{DO_j} < \mathrm{DO_s}$$

$$\mathrm{DO_f} = 468/(31.06 + T)$$

式中：$\mathrm{DO_f}$ —— 饱和度溶解氧；

$\mathrm{DO_j}$ —— 断面溶解氧浓度；

$\mathrm{DO_s}$ —— 溶解氧的地表水水质标准；

T—— 水温。

对于 pH 质量指数为：

$$I_{pH}=\frac{7.0-pH_j}{7.0-pH_{sd}} \qquad pH_j\leqslant 7$$

$$I_{pH}=\frac{pH_j-7.0}{pH_{su}-7.0} \qquad pH_j>7$$

式中：pH_{sd}—— 地表水水质标准中规定的 pH 下限；

pH_{su}—— 地表水水质标准中规定的 pH 上限；

pH_j——现状 pH。

4.3.2.2 城市河流质量综合指数计算

城市河流质量综合指数的计算需涵盖 pH、溶解氧、色度、化学需氧量、悬浮物、氨氮、总磷 7 项污染物，计算方法如下所示：

$$I_{sumr}=\Sigma_i I_i \tag{4.3-2}$$

式中：I_{sumr} —— 城市河流 r 的质量综合指数；

I_i—— 污染物 i 的单项质量指数。

4.3.3 结论与讨论

以城市河流环境质量综合指数法对不同河流水质进行排名，综合考虑了基本反映河流黑臭、浑浊程度、景观等方面的主要污染因子的污染贡献，可以综合反映各项指标的整体污染情况。所有城市河流均采用 pH、溶解氧、色度、化学需氧量、悬浮物、氨氮、总磷 7 项污染因子进行综合指数计算，河流之间可比性较好。为了兼顾地表水环境质量水质类别与质量综合指数二者的关系，城市河流水环境质量由好到差排名首先按照河流水质类别由好到劣排序，相同类别中按照水环境质量综合指数由小到大排序，质量综合指数保留 3 位小数。水质类别及首要污染物采用 pH、溶解氧、化学需氧量、氨氮、总磷 5 项指标，按《地表水环境质量标准》（GB 3838—2002）进行评价；当水质类别在III类以内时不进行首要污染物评价，当水质类别劣于III类标准时以超标倍数最高的污染因子作为首要污染物。水环境质量综合指数相同的按省辖市行政区划先后顺序排名。城市河流断流无水的，不参与排名。

表 4.3-3 2018 年第一季度河南省部分主要城市河流水质排名结果

水环境质量较好的前 10 条河流							水环境质量较差的前 10 条河流						
序号	城市名称	河流名称	断面名称	水质类别	综合指数	首要污染物	序号	城市名称	河流名称	断面名称	水质类别	综合指数	首要污染物
1	漯河	沙河	刘李渡口	II	1.162		1	信阳	黑泥沟	东方红大道桥	劣V	42.85	氨氮
2	三门峡	青龙涧河	九孔桥	II	1.314		2	信阳	新申河	成功花园小桥	劣V	30.49	氨氮
3	驻马店	骏马河	前湖公园桥	II	1.452		3	南阳	温凉河	中州东路桥	劣V	27.424	氨氮
4	鹤壁	淇河	花涡坝	II	1.742		4	新乡	民生渠	入共产主义渠提泵站	劣V	23.13	溶解氧
5	周口	颍河	孙嘴桥	II	2.063		5	商丘	忠民河	北海路桥	劣V	21.71	氨氮
6	洛阳	洛河	洛阳桥	II	2.950		6	许昌	护城河	西湖公园	劣V	18.283	氨氮
7	洛阳	伊河	龙门	II	5.884		7	开封	东护城河	羊市桥	劣V	13.354	氨氮
8	洛阳	洛阳城中渠	新区体育馆	III	1.761		8	许昌	青泥河	开发区橡胶坝	劣V	12.508	氨氮
9	焦作	龙源湖	龙源湖木桥	III	1.967		9	南阳	白河	景庄渡口	劣V	10.377	总磷
10	开封	黄汴河	孙李唐桥	III	2.072		10	濮阳	老马颊河	绿城路桥	劣V	9.817	氨氮

由表 4.3-3 可以看出，存在水环境质量排在前面的河流综合指数大于后面的河流情况，如位于第 8 名的洛阳市洛阳城中渠、第 9 名的焦作市龙源湖、第 10 名的开封市黄汴河 3 条河流水环境质量综合指数均低于排名较靠前的第 7 名洛阳伊河，这主要是由于进行水质类别评价使用 pH、溶解氧、化学需氧量、氨氮、总磷 5 项因子，而水环境

质量综合指数的计算是在此前 5 项因子基础上增加了《地表水环境质量标准》中所缺少的悬浮物、色度 2 项监测因子，而后 2 项因子恰逢污染较重引起的。两种评价方法因评价所选用因子数不同导致结果不同，有时会出现水质类别较好而综合指数较高的情况。

通过公布城市河流水质排名情况有利于促进城市河流水质的改善。如通过每季度公布城市河流水环境质量排名情况，监测结果表明，2018 年第一季度城市河流水质与 2017 年第三季度首次开展城市河流监测时的水质状况相比，全省 60 条城市河流化学需氧量、氨氮和总磷分别降低 4.39%、9.12%、45.41%。

4.3.4 排名方法成效评估

4.3.4.1 河流水质改善情况

2018 年，监控的 60 条河流中，Ⅰ～Ⅲ类水质河流有 25 条，占 41.7%；Ⅳ类 14 条，占 23.3%；Ⅴ类 3 条，占 5.0%；劣Ⅴ类 17 条，占 28.3%；断流河流 1 条，占 1.7%。

与上年相比，Ⅰ～Ⅲ类水质河流增加 12 条，增加 20.0 个百分点；Ⅳ类水质河流持平；Ⅴ类水质河流减少 2 条，减少 3.3 个百分点；劣Ⅴ类水质河流减少 9 条，减少 15.0 个百分点；断流河流减少 1 条，减少 1.7 个百分点。

表 4.3-4 2018 年省辖市城区主要城市河流类别变化

类别	第一季度	第二季度	第三季度	第四季度	全年
Ⅰ～Ⅲ/条	22	25	24	28	25
Ⅳ/条	13	13	14	6	14
Ⅴ/条	3	7	5	7	3
劣Ⅴ/条	20	7	9	12	17
断流/条	2	8	8	7	1
Ⅰ～Ⅲ比例/%	36.7	41.7	40.1	46.7	41.7
Ⅳ/%	21.7	21.7	23.3	10.0	23.3
Ⅴ/%	5.0	11.7	8.3	11.7	5.0
劣Ⅴ/%	33.3	11.7	15.0	20.0	28.3
断流/%	3.3	13.3	13.3	11.7	1.7

4.3.4.2 河流浓度变化情况

2018 年，主要污染因子化学需氧量、氨氮、总磷浓度分别为 23.9 mg/L、1.877 mg/L、0.266 mg/L。

与上年相比，氨氮、总磷浓度均有所下降，化学需氧量浓度基本持平。

表 4.3-5 2018 年省辖市城区主要城市河流主要污染因子年均浓度值比较

单位：mg/L

季度	氨氮		化学需氧量		总磷		综合指数
	年均值	类别	年均值	类别	年均值	类别	
2018 年第一季度	2.542	劣Ⅴ	24.9	Ⅳ	0.310	Ⅴ	4.541
2018 年第二季度	0.980	Ⅲ	24.2	Ⅳ	0.189	Ⅲ	3.631
2018 年第三季度	1.557	Ⅴ	24.4	Ⅳ	0.243	Ⅳ	4.079
2018 年第四季度	2.427	劣Ⅴ	22.0	Ⅳ	0.323	Ⅴ	4.207
全年	1.877	Ⅴ	23.9	Ⅳ	0.266	Ⅳ	4.115

4.4 河南省小洪河流域生态水污染状况时空趋势分析

近年来，流域水环境污染、水生态退化已成为制约社会经济发展的关键问题。两类水问题并不是单独存在的，相互之间也存在影响关系。生态流量是维系河流生态系统完整性与功能性的重要因素，随着季节性流量变化趋势，加之水污染问题，生态流量的量与质均需要得到保障。生态流量水文学方法是基于水文资料，将各年份逐月进行丰、平、枯水年分组，选取不同历时点作为生态流量等级计算流域生态流量，其优点为快速便捷，所需资料容易获取，其中常用方法包括 Tennant 法、Lyon 法。流域生态流量是维持河道及河口的自然生态系统和维持人类生存发展所依赖的生态系统所需要的水量、时间和水质，流域水污染的加剧导致生态水质降低进而影响生态水量，通过分析水质与水量的空间关联性可筛选典型污染物，明确治理方向，常用的方法有灰色关联度法、单因子指数评价法。利用典型污染物，可分析水质与水量时空变化趋势，主要运用的方法有 Daniel 趋势检验法、小波分析和九点二次平滑法。前期的研究主要集中在生态流量的计算和水质污染的变化趋势，很少将两者结合起来进行关联及时空趋势变化分析。

因此，采用 Lyon 法计算河流生态流量，再以优序度理论计算生态流量与污染物之间的关联程度，根据优序度的大小筛选出与河流生态流量关系最为密切的典型污染物，通过九点二次平滑法对流域污染趋势进行时空分析，以河南省小洪河驻马店段为例，进行了实例研究。

4.4.1 研究方法

为研究流域水生态、水污染状况关联变化趋势，本书采用水文学法中的 Lyon 法计算生态流量，利用优序度理论筛选出与生态流量关联最为密切需要的关键变量，最后再利用九点二次平滑分析法对关键变量进行时空变化的趋势分析。

4.4.1.1 Lyon 法

Lyon 法是美国得克萨斯州水发展局基于水文频率变动和生态需求开发的水文学方法，其原理是以水文资料为基础，在年内水期变动考量方面，将年内流量划分为丰水期和枯水期，依据不同判别标准计算生态流量。利用 Lyon 法计算流域上下游生态流量。

表 4.4-1 Lyon 法的生态流量计算原理

年内水期	判别条件	生态流量
枯水月	月均流量≤年均流量	0.4×月中值流量
丰水月	月均流量>0.8×年均流量	0.5×月中值流量

4.4.1.2 优序度

优序度以数理统计为基础，要求大量数据且需遵从一定的概率分布，具有一定的科学依据。灰色关联度来源于几何相似，其实质是进行曲线间几何形态的比较，几何形态较相近的序列，变化趋势越接近，关联度也就越高；反之，序列形态相差较远，关联度越低。根据国内学者对灰色关联度的研究，进而得到一种更适合计算因变量与自变量之间关系密切程度的优序度，该计算方法更加简单，更能体现出变量与变量之间相关的紧密程度。利用关联度计算方法求出污染物与生态流量之间关联的优序度，并筛选出优序度最大的污染物。方法计算步骤如下：

（1）对 m 个自变量 $x_i=(x_{i1}, x_{i2}, \cdots, x_{in})(i=1, 2, \cdots, m)$ 及因变量 $x_0=(x_{01}, x_{02}, \cdots, x_{0n})$ 进行标准化处理，标准化处理后使各变量之间的量纲统一，n 为样本量，将标准化处理后的值也记作 x_{ij}。标准化计算公式如下：

$$x_{ij}=\frac{x_{ij}-\min x_{ij}}{\max x_{ij}-\min x_{ij}}\begin{pmatrix} i=0,1,\cdots,m \\ j=0,1,\cdots,n \end{pmatrix} \quad (4.4\text{-}1)$$

（2）计算因变量 x_0 与自变量 x_i 之间的相关系数，计算公式如下：

$$\xi_{ij}=\frac{1}{1+a_i(x_{0j}-x_{ij})^2}\begin{pmatrix} i=0,1,\cdots,m \\ j=0,1,\cdots,n \end{pmatrix} \quad (4.4\text{-}2)$$

式中：ξ_{ij} —— 每个时间点因变量与自变量之间的相关系数；

a_i —— 权重系数。

①权重系数 a_i 计算如下：

$$a_i=\frac{l_i+1}{s_i+1} \quad (4.4\text{-}3)$$

式中：l_i —— 所有自变量序列与因变量序列取最大距离 $\Delta\max x_{ij_l}$ 时第 i 个自变量所占的个数；

s_i —— 取最小距离 $\Delta\min x_{ij_s}$ 所占的个数。

②l_i、s_i 计算步骤如下：

$$\begin{aligned} \Delta\max x_{ij_l} &= \max\left|x_{0j_l}-x_{ij_l}\right| \\ \Delta\min x_{ij_s} &= \min\left|x_{0j_s}-x_{ij_s}\right| \end{aligned} \quad (4.4\text{-}4)$$

在具体的第 j 个时间段取出 $\Delta\max_{ij_l}$ 和 $\Delta\min_{ij_s}$，再计算第 i 个自变量在所有时间序列 n 中所占 $\Delta\max_{ij_l}$ 的个数 l_i 和 $\Delta\min_{ij_s}$ 的个数 s_i。

（3）取各时间段相关系数的平均值作为最后第 i 个自变量与因变量之间关联的优序度，计算公式如下：

$$r_i=\frac{1}{n}\sum_{j=1}^{n}\xi_{ij}(i=1, 2, \cdots, m) \quad (4.4\text{-}5)$$

4.4.1.3 九点二次平滑

选取优序度最大的污染物作为关键变量，利用筛选出的流域关键污染物在时间和空间上做九点二次平滑。九点二次平滑法有降低通滤波器的作用，以便展现出变量的变化趋势，与滑动平均相比九点二次平滑的优点在于不会削弱过多的波幅。

对时间序列 x 用二次多项式拟合：

$$\hat{x} = a_0 + a_1 x + a_2 x^2 \tag{4.4-6}$$

式中，a_0, a_1, a_2 可以根据最小二乘法原理确定，然后以此确定九点二次平滑计算公式。

九点二次平滑公式如下：

$$\begin{aligned}\hat{x}_{i-4} = \frac{1}{231}(&-21x_{i-4} + 14x_{i-3} + 39x_{i-2} + 54x_{i-1} + \\ &59x_i + 54x_{i+1} + 39x_{i+2} + 14x_{i+3} - 21x_{i+4})\end{aligned} \tag{4.4-7}$$

4.4.2 小洪河水污染状况时空趋势分析

4.4.2.1 流域概况

小洪河发源于河南省舞钢市伏牛山区，流经漯河市舞阳县、驻马店市西平、上蔡、平舆、新蔡 4 县，于新蔡班台和汝河交汇入大洪河，属于淮河上游的二级支流，小洪河干流长 251 km，流域面积 4 287 km^2。淮河是中国水污染控制的重点之一，洪河作为淮河上游最大的支流，日益严重的水污染已成为该流域可持续发展的制约因素。根据流域水资源公报结合流域实际排污情况，选取 COD、氨氮、TP 作为小洪河流域的代表性污染因子。

4.4.2.2 生态流量计算结果及分析

为了选取能代表河流污染情况的典型污染物，即选择与河流生态状况关联最为密切的污染物，首先要计算河流生态流量。以西平、上蔡、平舆和新蔡 4 站 2015—2018 年逐日还原流量作为 Lyon 法计算生态流量的依据，计算结果如下。

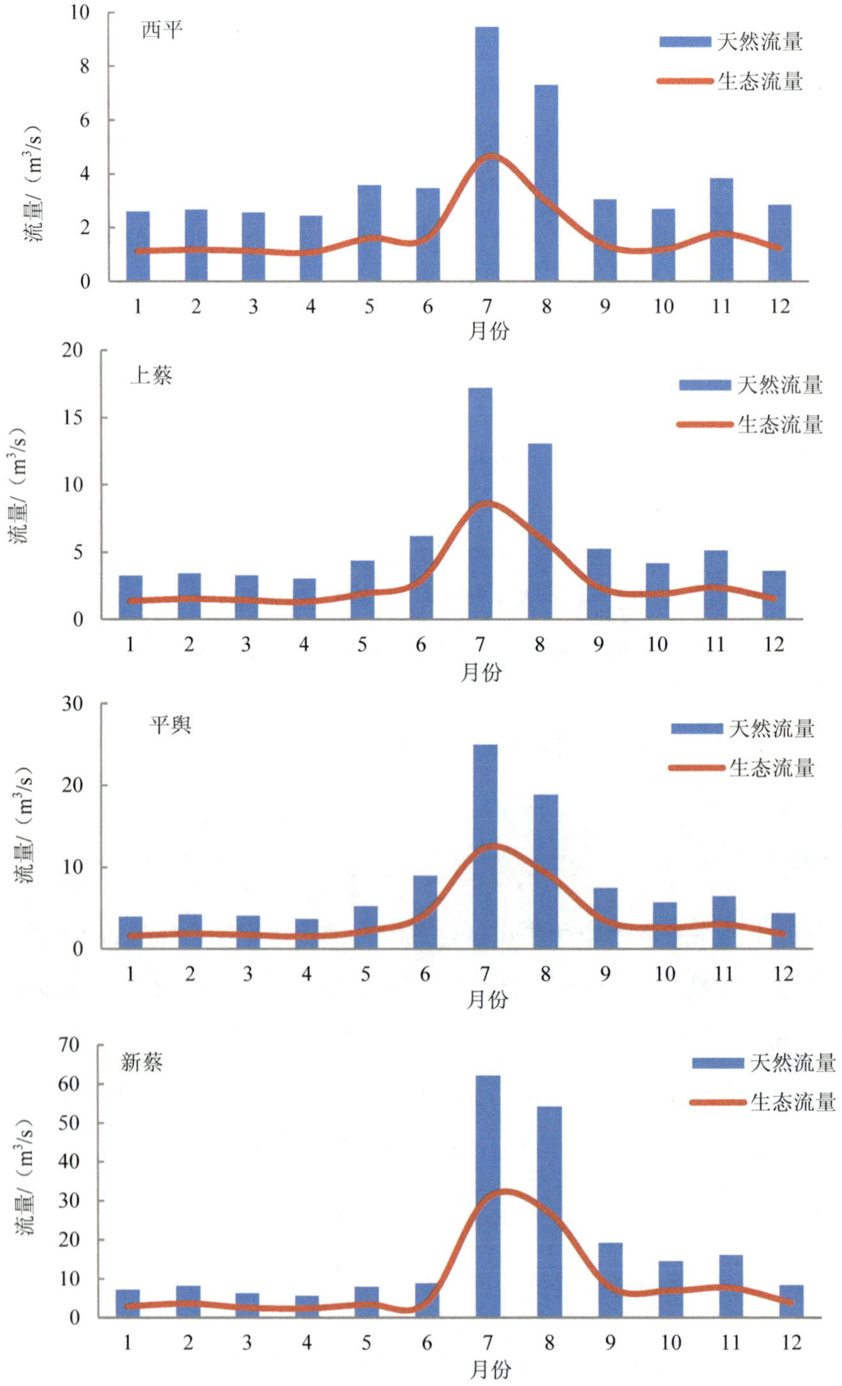

图 4.4-1　关键断面生态流量计算结果

由图 4.4-1 可知，西平、上蔡、平舆和新蔡 4 站年内流量变化明显，枯水月份和丰水月份月均流量值相差较大，小洪河新蔡段 7 月的月均水量为 4 月的 11 倍。丰水月份集中在 7—8 月，分别占多年平均流量的 36.1%、36.2%、44.9%和 53.3%；1—4 月月均水量较少，分别占多年平均流量的 22.0%、20.9%、16.1%和 12.5%，多年月均流量呈现明显的季节性变化。就生态流量计算结果而言，在流量的年内季节变化模拟方面，能体现出水期差异，能在一定程度上反映流量的季节性变化。

4 站多年平均水量分别为 46 m^3/s、72 m^3/s、97 m^3/s、218 m^3/s，自上而下依次递增，表现出典型变化特征；所对应的生态流量值分别为 21 m^3/s、27 m^3/s、45 m^3/s、102 m^3/s，与天然流量一样，从上到下逐渐增加，其中新蔡段流量相对于以上 3 站增加显著。天然月均水量的水文节律变化呈现 1—6 月上下略有浮动，7—10 月逐月减少的趋势。在水文节律的模拟效果方面，生态流量计算结果未出现与天然水文节律偏差的情况，对天然水文节律的模拟方面效果较好。

4.4.2.3 关键断面优序度计算结果及分析

选取小洪河流域生态流量计算结果中 2015 年 11 月—2018 年 12 月各月的生态流量作为因变量 x_0，COD、氨氮、TP 3 个代表性污染物指标作为自变量 x_i（i=1，2，3），根据公式计算因变量（生态流量）与自变量（COD、氨氮、TP）之间关联的优序度。

表 4.4-2 各断面各指标与生态流量关联的优序度

河段	优序度		
	COD/（mol/L）	氨氮/（mol/L）	TP/（mol/L）
西平	0.92	0.95	0.72
上蔡	0.76	0.90	0.90
平舆	0.91	0.95	0.70
新蔡	0.89	0.79	0.70

从计算结果可以看出，4 个断面中西平、上蔡和平舆 3 个断面的氨氮浓度与小洪河流域生态流量关联的优序度最大，分别是 0.95 mol/L、0.90 mol/L、0.95 mol/L，新蔡断面优序度也达到了 0.79 mol/L，COD 与生态流量关联的优序度也较大，而 TP 与生态

流量关联的优序度最小，说明小洪河流域中主要影响河流生态流量健康的是氨氮浓度，其次为 COD 浓度，TP 不易影响该断面的生态流量。西平和平舆 2 个河段氨氮与生态流量关联的优序度最大，达到了 0.95 mol/L，这与地方的经济发展以及相关政策有很大关系。

氨氮可以作为 4 个断面污染源的主要因子，能影响流域中水生生物与底栖动物的多样性，以及河流中水体的健康程度，小洪河流域中氨氮和生态流量的关系紧密，这主要与流域上各城市的发展有关。西平、上蔡、平舆 3 个县多以平原为主，都是粮食生产大县，主要农作物有小麦、玉米等，农业生产过程中使用氮肥的频率大，从而会有游离的氨氮离子或者是含氮化合物排放到小洪河流域中，引起小洪河中氨氮含量丰富；西平县养殖业发达，大型养殖场对流域中排放粪便等污染物，造成小洪河流域含氮化合物增多；平舆县工业发展迅速，城市化相对严重，工业废水以及生活污水排放量大，加剧了氨氮的污染状况。

4.4.2.4 时空趋势分析

根据多年生态流量与各断面代表性污染物的关联程度，最终选取氨氮作为典型污染物进行分析。将西平、上蔡、平舆和新蔡河段 2015 年 11 月—2018 年 12 月的逐月氨氮监测数据利用九点二次平滑法进行时空趋势分析，分析结果如下。

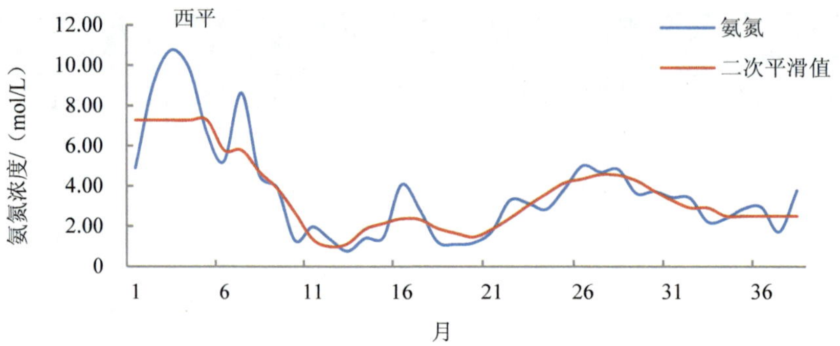

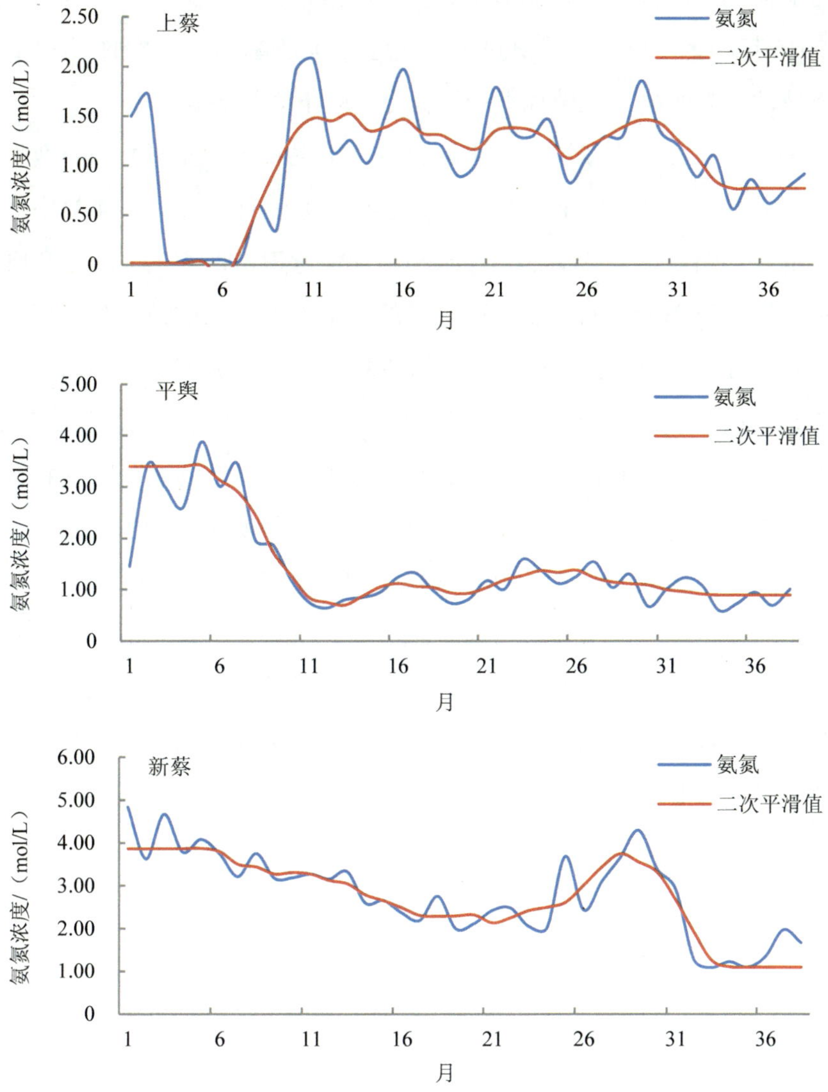

图 4.4-2 关键断面氨氮浓度趋势分析

从时间上来看，4 县控制断面的氨氮浓度 38 个月以来总体上呈下降趋势，生态流量在季节变化模拟方面能在一定程度上反映出氨氮浓度的季节性变化。西平、平舆和新蔡氨氮浓度起初维持在较高水平，为劣Ⅴ类水质，经过“十二五”和国家生态文明建设，各地环保相关部门狠抓污染治理及控制企业污染排放，至 2018 年年底，氨氮水平下降幅度明显，基本达到Ⅲ类或Ⅳ类水标准。查阅相关资料得知，上蔡县经济整体发展水平较低，工业发展较为落后，氨氮主要污染源来自畜牧业及农业，这就使得污染控制断面氨氮监测浓度值较低，同时上蔡县在污染治理及污染物控制等方面监管力度较大，在 2016 年初曾一度出现了氨氮浓度接近于 0 的情况，但随着经济不断发展，氨氮水平上下波动较为明显，但整体上趋于稳定，呈下降趋势。

从空间上来看，自上而下依次是西平、上蔡、平舆和新蔡监测断面。西平断面多月氨氮平均浓度最高，达到 3.73 mol/L，而其生态流量为 21 m^3/s，在 4 县中最低，这与当地不合理的产业结构以及落后的生产水平和环保意识密切相关，随着政府监管力度的加强和社会发展形态的不断转变，西平县的污染治理工作成效十分显著，但还有较大的改进空间。上蔡、平舆、新蔡 3 县的多月氨氮平均浓度分别为 1.06 mol/L、1.43 mol/L、2.81 mol/L，随着水流流向而逐渐增加，相应生态流量也是从上到下递增，越是靠近下游的监测断面，其污染物浓度越高，与生态流量空间变化特征相符合；经过污染治理和污染物排放控制之后，最后 5 个月 3 县断面氨氮平均浓度依次递增，分别为 0.74 mol/L、0.79 mol/L、1.47 mol/L，相对于治理前有很大改善。

总体来说，氨氮浓度时空变化趋势与生态流量时空变化特征相适应。随着国家污染防治力度的不断加强，西平、上蔡、平舆和新蔡 4 县典型污染物氨氮浓度总体上呈下降趋势，但当地水环境质量还未达到生态文明建设的要求，尚有很大的提升空间；除西平受自身经济条件制约外，其余 3 县氨氮浓度向下依次增加，经过治理之后仍是如此。

4.4.3 结论

以小洪河流域西平、上蔡、平舆和新蔡段 2015—2018 年逐日流量为基础，以 Lyon 法计算其生态流量，并结合 2015—2018 年各断面水质监测数据，以优序度理论计算代表性污染物浓度与生态流量关联的优序度，根据计算结果，氨氮浓度与河流生态流量关联的优序度最大，即对生态流量的影响较大。进而选取和生态流量关联最密切的污染物氨氮，进行流域生态水污染时空趋势变化分析。结果表明，在时间尺度上，2015—2018 年氨氮浓度有明显下降的趋势，流域水生态环境得到改善；在空间尺度上，西平监测断面氨氮浓度最高，总体上氨氮浓度从河流的上游到下游有下降的趋势，但水环境质量状况仍不容乐观。